KB147719

HRDK 한국산업인력공단
Human Resources Development Service of Korea

일식·복어조리기능사 실기문제

제3판

일식·복어 조리기능사 실기

19+1 품목

(사)한국식음료외식조리교육협회

- 새로운 실기 출제기준 적용
- NCS 능력단위별 평가표 수록

www.ncook.or.kr

B (주)백산출판사

대한민국의 외식업계는 '세계화'라는 단어를 꺼내는 것이 새삼스럽게 느껴질 정도로 전국 어디서나 어렵지 않게 여러 나라의 음식을 즐길 수 있습니다. 이에 외식산업의 발전을 위한 유능한 조리인력 양성의 필요성이 그 어느 때보다 절실해지고 있습니다. 훌륭한 조리기능인의 양성이 시대적인 과제이며, 그러한 책임을 지고 있는 최일선의 교육현장에서 조리기능사 자격증을 지도하는 교수법의 중요성 또한 강조되고 있습니다. 일선의 교육현장에서는 각기 다른 방식으로 강의를 하여 조리기능사자격증 취득을 준비하는 수험생들에게 혼란을 일으키는 경우가 있어 왔으며, 또한 실기 검정장에서 심사위원들이 수험생의 기능채점을 할 때 어려움을 느낀 경우도 있었습니다. 그러므로 조리기능사 국가기술자격증 교수법의 검증된 표준화가 그 어느 때보다 절실하다 할 수 있습니다. 이에 '(사)한국식음료외식조리교육협회'에서는 교육현장의 생생한 강의 노하우를 바탕으로 수험생을 위한 조리사자격증 취득 중심의 수험서적을 발간하게 되었습니다.

본 교재는 대한민국의 요리학원과 직업훈련기관을 대표하는 협회라는 자부심과 책임감으로 출판하였습니다. 본 협회는 전국 요리교육의 기관장으로 구성된 단체이며, 요리교재 개발연구, 민간전문자격시험 개발연구, 요리교육기관장의 권익대변, 국가기술자격검증 자문, 요리교육정책 자문 등의 다양한 활동을 하고 있습니다. 회원들 대부분이 강의경력 20년 이상으로 조리전문자격기능 보유자이며, 전국의 각 지역에서 그 지역을 대표하는 훈련기관입니다. 수강생들의 자격증 취득을 위해서 요리교육 최일선에서 요리수강생들의 애로사항을 그 누구보다도 잘 알고 있는 원장님들의 풍부한 강의경험이 집결된 완성본입니다. 출제예상 실기과제에서 어떤 부분을 가장 많이 실수하고, 또한 어떤 부분을 중심으로 해야 자격시험에서 높을 점수를 받을 수 있는지에 대한 자료가 본 교재에 수록되어 있습니다.

본 교재는 일식과 복어요리에 대한 전반적인 이해를 중심으로 하지 않고, 철저히 국가기술 자격증 취득과 조리기능사 실기 예상문제를 중심으로 세세한 설명과 사진을 수록하였습니다. 본 수험교재는 전국의 각기 다른 교수방법을 하나의 통일화된 방법으로 강의법을 정리하였다는 데 큰 의미를 둘 수 있습니다.

조리기능사 실기시험 심사위원과 조리기능사 수험생을 일선에서 지도하는 전국의 요리학원장 및 강사들의 의견을 취합하여 한국산업인력공단의 출제기준을 중심으로 제작한 교재이므로 객관성과 전문성에서 타 교재와 차별화된 특징을 가지고 있습니다.

본 (사)한국식음료외식조리교육협회는 앞으로 지속적인 수험교재 개발 및 전문서적 개발에더욱 힘쓸 계획입니다. 한식조리기능사, 양식조리기능사, 조리기능사 학과교재 및 문제집, 중식조리기능사, 일식·복어조리기능사 등의 조리기능사 수험서적뿐만 아니라 조리산업기사, 조리기능장의 후속 교재도 곧 출판할 예정입니다. 본 수험서적은 최근 개정된 검정자격기준을 중심으로 하여 출판한 점을 먼저 말씀드리고 싶습니다. 국가기술자격증 기술서적은 한국산업인력공단의 출제기준 및 채점기준, 지급목록 등에 있어서 변경사항 발생 시 그때그때 수시로 업데이트되어야 합니다.

본 협회에서 발행하는 수험서적은 조리기능사 출제기준의 변경사항을 최우선으로 고려하여교재를 집필하고 있습니다. 많은 시간과 최선을 다하여 집필한 본 수험서적에 혹여 내용상의일부 부족한 점이 있으리라 생각됩니다. 앞으로 독자 여러분의 충고와 조언에 귀를 기울일 것이며, 언제든 (사)한국식음료외식조리교육협회로 문의해 주시기 바랍니다.

전국의 (사)한국식음료외식조리교육협회 회원 및 협회 산하 교재편찬위원회의 격려와 노고에 깊은 감사를 전하고 싶습니다. 또한 이 책이 나오기까지 아낌없는 성의와 물심양면으로 도움을 주신 (주)백산출판사 진욱상 사장님을 비롯하여 관계자 여러분께 깊은 감사를 드립니다.

마지막으로 이 수험서적으로 조리사자격증을 취득하시려는 모든 분들께 합격의 영광이 함께하길 기원드립니다.

(사)한국식음료외식조리교육협회 회원 일동

일식 & 복어조리기능사 실기

일식 · 복어조리기능사 실기

Contents

제3부 NCS 일식 조리 학습모듈

▣ NCS 학습모듈이란?

NCS 학습모듈은 NCS 능력단위를 교육 및 직업훈련 시 활용할 수 있도록 구성한 교수·학습자료이다. 즉, NCS 학습모듈은 학습자의 직무능력 제고를 위해 요구되는 학습 요소(학습내용)를 NCS에서 규정한 업무 프로세스나 세부 지식, 기술을 토대로 재구성한 것이다.

● NCS 학습모듈

NCS 학습모듈은 NCS 능력단위를 활용하여 개발한 교수·학습 자료로 고교, 전문대학, 대학, 훈련기관, 기업체 등에서 NCS기반 교육과정을 용이하게 구성·운영할 수 있도록 지원하는 역할을 수행한다.

● NCS와 NCS 학습모듈의 연결체제

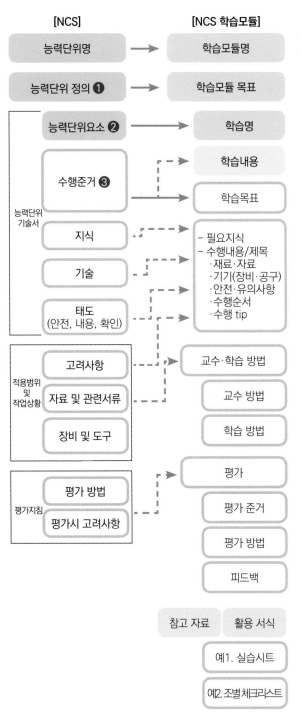

① 능력단위란
특정 직무에서 업무를 성공적으로 수행하기 위하여 요구되는 능력을 교육훈련 및 평가가 가능한 기능 단위로 개발한 것입니다.

② 능력단위요소란
해당 능력단위를 구성하는 중요한 범위 안에서 수행하는 기능을 도출한 것입니다.

③ 수행준거란
각 능력단위요소별로 능력의 성취여부를 판단하기 위해 개인들이 도달해야 하는 수행의 기준을 제시한 것입니다.

일식·복어조리기능사 시험 준비

1. 원서접수 및 시행

접수방법 : 인터넷 접수만 가능   **원서접수 홈페이지 :** www.q-net.or.kr

접수시간 : 접수시간은 회별 원서접수 첫날 09:00부터 마지막 날 18:00까지

합격자 발표 :

CBT 필기시험	실기시험
수험자 답안 제출과 동시에 합격여부 확인	해당 회차 실기시험 종료 후 다음 주 목요일 09:00 합격자 발표

2. 시험과목

	일식조리기능사	복어조리기능사
필기	일식 재료관리, 음식조리 및 위생관리	복어 재료관리, 음식조리 및 위생관리
실기	조리작업	

3. 검정방법

	일식조리기능사	복어조리기능사
필기	객관식 4지 택일형, 60문항(60분)	
실기	작업형(70분 정도)	작업형(56분)

4. 합격 기준

100점 만점에 60점 이상

5. 응시자격

응시자격 제한 없음

6. 필기시험 수험자 지참물(CBT시험)

수험표(www.q-net.or.kr에서 출력), 신분증

7. 실기시험 수험자 지참물

일식조리기능사

번호	재료명	규격	단위	수량	비고
1	가위	–	EA	1	
2	강판	–	EA	1	
3	계량스푼	–	EA	1	
4	계량컵	–	EA	1	
5	국대접	기타 유사품 포함	EA	1	
6	국자	–	EA	1	
7	김발	–	EA	1	
8	냄비	–	EA	1	시험장에도 준비되어 있음
9	달걀말이용 프라이팬	사각	EA	1	
10	도마	흰색 또는 나무도마	EA	1	시험장에도 준비되어 있음
11	뒤집개	–	EA	1	
12	랩	–	EA	1	
13	마스크	–	EA	1	*위생복장(위생복 · 위생모 · 앞치마 · 마스크)을 착용하지 않을 경우 채점대상에서 제외(실격)됩니다*
14	면포/행주	흰색	장	1	
15	밥공기	–	EA	1	
16	볼(bowl)	–	EA	1	
17	비닐백	위생백, 비닐봉지 등 유사품 포함	장	1	
18	상비의약품	손가락골무, 밴드 등	EA	1	
19	쇠꼬치(쇠꼬챙이)	생선구이용	EA	2	
20	쇠조리(혹은 체)	–	EA	1	
21	숟가락	차스푼 등 유사품 포함	EA	1	
22	앞치마	흰색(남녀공용)	EA	1	*위생복장(위생복 · 위생모 · 앞치마 · 마스크)을 착용하지 않을 경우 채점대상에서 제외(실격)됩니다*
23	위생모	흰색	EA	1	
24	위생복	상의-흰색/긴소매, 하의-긴바지(색상 무관)	벌	1	
25	위생타월	키친타월, 휴지 등 유사품 포함	장	1	

번호	재료명	규격	단위	수량	비고
26	이쑤시개	산적꼬치 등 유사품 포함	EA	1	
27	접시	양념접시 등 유사품 포함	EA	1	
28	젓가락		EA	1	
29	종이컵	–	EA	1	
30	종지	–	EA	1	
31	주걱	–	EA	1	
32	집게	–	EA	1	
33	칼	조리용 칼, 칼집 포함	EA	1	
34	호일	–	EA	1	
35	프라이팬	–	EA	1	시험장에도 준비되어 있음

※ 지참준비물의 수량은 최소 필요수량으로 수험자가 필요시 추가지참 가능합니다.
※ 지참준비물은 일반적인 조리용을 의미하며, 기관명, 이름 등 표시가 없는 것이어야 합니다.
※ 지참준비물 중 수험자 개인에 따라 과제를 조리하는 데 불필요하다고 판단되는 조리기구는 지참하지 않아도 됩니다.
※ 지참준비물 목록에는 없으나 조리에 직접 사용되지 않는 조리 주방용품(예, 수저통 등)은 지참 가능합니다.
※ 수험자 지참준비물 이외의 조리기구를 사용한 경우 채점대상에서 제외(실격)됩니다.
※ 위생상태 세부기준은 큐넷 – 자료실 – 공개문제에 공지된 "위생상태 및 안전관리 세부기준"을 참조하시기 바랍니다.

복어조리기능사

번호	재료명	규격	단위	수량	비고
1	위생복	상의–흰색/긴소매, 하의–긴바지(색상무관)	벌	1	*위생복장(위생복 · 위생모 · 앞치마 · 마스크)을 착용하지 않을 경우 채점대상에서 제외(실격)됩니다*
2	위생모	흰색	EA	1	
3	앞치마	흰색(남녀공용)	EA	1	
4	마스크	–	EA	1	
5	칼	조리용 칼, 칼집 포함	EA	1	
6	도마	흰색 또는 나무도마	EA	1	시험장에도 준비되어 있음, 도마 고정 보조용품(실리콘 등) 사용 가능
7	계량스푼	–	SET	1	
8	계량컵	–	EA	1	
9	가위	–	EA	1	
10	냄비	–	EA	1	시험장에도 준비되어 있음
11	밥공기	–	EA	1	

번호	재료명	규격	단위	수량	비고
12	국대접	기타 유사품 포함	EA	1	
13	접시	양념접시 등 유사품 포함	EA	1	
14	종지	–	EA	1	
15	숟가락	차스푼 등 유사품 포함	EA	1	
16	젓가락	–	EA	1	
17	국자	–	EA	1	
18	주걱	–	EA	1	
19	강판	–	EA	1	
20	쇠조리(혹은 체)	–	EA	1	
21	집게	–	EA	1	
22	볼(bowl)	–	EA	1	
23	종이컵	–	EA	1	
24	위생타월	키친타월, 휴지 등 유사품 포함	장	1	
25	면포/행주	흰색	장	1	
26	비닐백	위생백, 비닐봉지 등 유사품 포함	장	1	
27	랩	–	EA	1	
28	호일	–	EA	1	
29	이쑤시개	산적꼬치 등 유사품 포함	EA	1	
30	상비의약품	손가락골무, 밴드 등	EA	1	
31	볼펜	검정색	EA	1	필수 지참
32	수정테이프 (수정액 제외)	문구용	EA	1	

※ 지참준비물의 수량은 최소 필요수량으로 수험자가 필요시 추가지참 가능합니다.

※ 지참준비물은 일반적인 조리용을 의미하며, 기관명, 이름 등 표시가 없는 것이어야 합니다.

※ 지참준비물 중 수험자 개인에 따라 과제를 조리하는 데 불필요하다고 판단되는 조리기구는 지참하지 않아도 됩니다.

※ 지참준비물 목록에는 없으나 조리에 직접 사용되지 않는 조리 주방용품(예, 수저통 등)은 지참 가능합니다.

※ 수험자 지참준비물 이외의 조리기구를 사용한 경우 채점대상에서 제외(실격)됩니다.

※ 위생상태 세부기준은 큐넷 – 자료실 – 공개문제에 공지된 "위생상태 및 안전관리 세부기준"을 참조하시기 바랍니다.

8. 위생상태 및 안전관리 세부기준 안내

순번	구분	세부기준

1	위생복 상의	• 전체 흰색, 손목까지 오는 긴소매
		  – 조리과정에서 발생 가능한 안전사고(화상 등) 예방 및 식품위생(체모 유입방지, 오염도 확인 등) 관리를 위한 기준 적용
		  – 조리과정에서 편의를 위해 소매를 접어 작업하는 것은 허용
		  – 부직포, 비닐 등 화재에 취약한 재질이 아닐 것, 팔토시는 긴팔로 불인정
		• 상의 여밈은 위생복에 부착된 것이어야 하며 벨크로(일명 찍찍이), 단추 등의 크기, 색상, 모양, 재질은 제한하지 않음(단, 핀 등 별도 부착한 금속성은 제외)

2	위생복 하의	• 색상 · 재질 무관, 안전과 작업에 방해가 되지 않는 발목까지 오는 긴바지 – 조리기구 낙하, 화상 등 안전사고 예방을 위한 기준 적용
3	위생모	• 전체 흰색, 빈틈이 없고 바느질 마감처리가 되어 있는 일반 조리장에서 통용되는 위생모 (모자의 크기, 길이, 모양, 재질(면 · 부직포 등) 은 무관)
4	앞치마	• 전체 흰색, 무릎아래까지 덮이는 길이 – 상하일체형(목끈형) 가능, 부직포 · 비닐 등 화재에 취약한 재질이 아닐 것
5	마스크	• 침액을 통한 위생상의 위해 방지용으로 종류는 제한하지 않음 (단, 감염병 예방법에 따라 마스크 착용 의무화 기간에는 '투명 위생 플라스틱 입 가리개'는 마스크 착용으로 인정하지 않음)
6	위생화 (작업화)	• 색상 무관, 굽이 높지 않고 발가락 · 발등 · 발뒤꿈치가 덮여 안전사고를 예방할 수 있는 깨끗한 운동화 형태
7	장신구	• 일체의 개인용 장신구 착용 금지(단, 위생모 고정을 위한 머리핀 허용)
8	두발	• 단정하고 청결할 것, 머리카락이 길 경우 흘러내리지 않도록 머리망을 착용하거나 묶을 것
9	손 / 손톱	• 손에 상처가 없어야하나, 상처가 있을 경우 보이지 않도록 할 것 (시험위원 확인 하에 추가 조치 가능) • 손톱은 길지 않고 청결하며 매니큐어, 인조손톱 등을 부착하지 않을 것
10	폐식용유 처리	• 사용한 폐식용유는 시험위원이 지시하는 적재장소에 처리할 것
11	교차오염	• 교차오염 방지를 위한 칼, 도마 등 조리기구 구분 사용은 세척으로 대신하여 예방할 것 • 조리기구에 이물질(예, 테이프)을 부착하지 않을 것
12	위생관리	• 재료, 조리기구 등 조리에 사용되는 모든 것은 위생적으로 처리하여야 하며, 조리용으로 적합한 것일 것
13	안전사고 발생 처리	• 칼 사용(손 빔) 등으로 안전사고 발생 시 응급조치를 하여야하며, 응급조치에도 지혈이 되지 않을 경우 시험진행 불가
14	눈금표시 조리도구	• 눈금표시된 조리기구 사용 허용 (실격 처리되지 않음, 2022년부터 적용) (단, 눈금표시에 재어가며 재료를 써는 조리작업은 조리기술 및 숙련도 평가에 반영)
15	부정 방지	• 위생복, 조리기구 등 시험장내 모든 개인물품에는 수험자의 소속 및 성명 등의 표식이 없을 것 (위생복의 개인 표식 제거는 테이프로 부착 가능)
16	테이프사용	• 위생복 상의, 앞치마, 위생모의 소속 및 성명을 가리는 용도로만 허용

※ 위 내용은 식품안전관리인증기준(HACCP) 평가(심사) 매뉴얼, 위생등급 가이드라인 평가기준 및 시행상의 운영사항을 참고하여 작성된 기준입니다.

9. 위생상태 및 안전관리에 대한 채점기준 안내

위생 및 안전 상태	비고
1. 위생복(상/하의), 위생모, 앞치마, 마스크 중 한 가지라도 미착용한 경우 2. 평상복(흰티셔츠, 와이셔츠), 패션모자(흰털모자, 비니, 야구모자) 등 기준을 벗어난 위생복장을 착용한 경우	실격 (채점대상 제외)
3. 위생복(상/하의), 위생모, 앞치마, 마스크를 착용하였더라도 • 무늬가 있거나 유색의 위생복 상의 · 위생모 · 앞치마를 착용한 경우 • 흰색의 위생복 상의 · 앞치마를 착용하였더라도 부직포, 비닐 등 화재에 취약한 재질의 복장을 착용한 경우 • 팔꿈치가 덮이지 않는 짧은 팔의 위생복을 착용한 경우 • 위생복 하의의 색상, 재질은 무관하나 짧은 바지, 통이 넓은 힙합스타일바지, 타이츠, 치마 등 안전과 작업에 방해가 되는 복장을 착용한 경우 • 위생모가 뚫려있어 머리카락이 보이거나, 수건 등으로 감싸 바느질 마감처리가 되어있지 않고 풀어지기 쉬워 일반 조리장용으로 부적합한 경우 4. 이물질(예, 테이프) 부착 등 식품위생에 위배되는 조리기구를 사용한 경우	'위생상태 및 안전관리' 점수 전체 0점
5. 위생복(상/하의), 위생모, 앞치마, 마스크를 착용하였더라도 • 위생복 상의가 팔꿈치를 덮기는 하나 손목까지 오는 긴소매가 아닌 위생복(팔토시 착용은 긴소매로 불인정), 실험복 형태의 긴가운, 핀 등 금속을 별도 부착한 위생복을 착용하여 세부기준을 준수하지 않았을 경우 • 테두리선, 칼라, 위생모 짧은 창 등 일부 유색의 위생복 상의 · 위생모 · 앞치마를 착용한 경우 (테이프 부착 불인정) • 위생복 하의가 발목까지 오지 않는 8부바지 • 위생복(상/하의), 위생모, 앞치마, 마스크에 수험자의 소속 및 성명을 테이프 등으로 가리지 않았을 경우 6. 위생화(작업화), 장신구, 두발, 손/손톱, 폐식용유 처리, 안전사고 발생처리 등 '위생상태 및 안전관리 세부기준'을 준수하지 않았을 경우 7. '위생상태 및 안전관리 세부기준'이외에 위생과 안전을 저해하는 기타사항이 있을 경우	'위생상태 및 안전관리' 점수 일부 감점

※ 위 기준에 표시되어 있지 않으나 일반적인 개인위생, 식품위생, 주방위생, 안전관리를 준수하지 않았을 경우 감점처리 될 수 있습니다.
※ 수도자의 경우 제복 + 위생복 상의/하의, 위생모, 앞치마, 마스크 착용 허용

10. 수험자 유의사항

일식조리기능사 실기

❶ 만드는 순서에 유의하며, 위생과 숙련된 기능평가를 위하여 조리작업 시 맛을 보지 않습니다.

❷ 지정된 수험자 지참 준비물 이외의 조리기구나 재료를 시험장 내에 지참할 수 없습니다.

❸ 지급재료는 시험 전 확인하여 이상이 있을 경우 시험위원으로부터 조치를 받고 시험 중에는 재료의 교환 및 추가 지급은 하지 않습니다.

❹ 요구사항 및 지급재료의 규격은 "정도"의 의미를 포함하며, 지급된 재료의 크기에 따라 가감하여 채점됩니다.

❺ 위생복, 위생모, 앞치마, 마스크를 착용하여야 하며, 시험장비 · 조리도구 취급 등 안전에 유의합니다.

❻ 다음 사항은 실격에 해당하여 **채점대상에서 제외**됩니다.

　가) 수험자 본인이 시험 도중 시험에 대한 포기 의사를 표현하는 경우

　나) 위생복, 위생모, 앞치마, 마스크를 착용하지 않은 경우

　다) 시험시간 내에 과제 두 가지를 제출하지 못한 경우

　라) 문제의 요구사항대로 과제의 수량이 만들어지지 않은 경우

　마) 완성품을 요구사항의 과제(요리)가 아닌 다른 요리(예, 달걀말이 → 달걀찜)로 만든 경우

　바) 불을 사용하여 만든 조리작품이 작품특성에 벗어나는 정도로 타거나 익지 않은 경우

　사) 해당과제의 지급재료 이외 재료를 사용하거나 요구사항의 조리기구(석쇠 등)로 완성품을 조리하지 않은 경우

　아) 지정된 수험자 지참준비물 이외의 조리기술에 영향을 줄 수 있는 기구를 사용한 경우

　자) 가스레인지 화구 2개 이상(2개 포함) 사용한 경우

　차) 시험 중 시설 · 장비(칼, 가스레인지 등) 사용 시 시험위원 및 타 수험자의 시험 진행에 위해를 일으킬 것으로 시험위원 전원이 합의하여 판단한 경우

　카) 요구사항에 표시된 실격 및 부정행위에 해당하는 경우

❼ 항목별 배점은 위생상태 및 안전관리 5점, 조리기술 30점, 작품의 평가 15점입니다.

❽ 시험시작 전 가벼운 몸 풀기(스트레칭) 동작으로 긴장을 풀고 시험을 시작합니다.

복어조리기능사 실기

❶ 만드는 순서에 유의하며, 위생과 숙련된 기능평가를 위하여 조리작업 시 맛을 보지 않습니다.

❷ 지정된 수험자 지참준비물 이외의 조리기구나 재료를 시험장 내에 지참할 수 없습니다.

❸ 지급재료는 시험 전 확인하여 이상이 있을 경우 시험위원으로부터 조치를 받고 시험 중에는 재료의 교환 및 추가 지급은 하지 않습니다.

❹ 요구사항 및 지급재료의 규격은 "정도"의 의미를 포함하며, 지급된 재료의 크기에 따라 가감하여 채점됩니다.

❺ 위생복, 위생모, 앞치마, 마스크를 착용하여야 하며, 시험장비 · 조리도구 취급 등 안전에 유의합니다.

❻ 다음 사항은 실격에 해당하여 **채점대상에서 제외**됩니다.

　가) 수험자 본인이 시험 도중 시험에 대한 포기 의사를 표현하는 경우

　나) 위생복, 위생모, 앞치마, 마스크를 착용하지 않은 경우

　다) 시험시간 내에 과제 세 가지를 제출하지 못한 경우

　라) 독 제거 작업과 작업 후 안전처리가 완전하지 않은 경우

　마) 완성품을 요구사항의 과제(요리)가 아닌 다른 요리(예, 복어회 → 복어초밥)로 만든 경우

　바) 불을 사용하여 만든 조리작품이 작품특성에 벗어나는 정도로 타거나 익지 않은 경우

　사) 지정된 수험자 지참준비물 이외의 조리기술에 영향을 줄 수 있는 기구를 사용한 경우

　아) 가스레인지 화구 2개 이상(2개 포함) 사용한 경우

　자) 시험 중 시설 · 장비(칼, 가스레인지 등) 사용 시 시험위원 및 타 수험자의 시험 진행에 위해를 일으킬 것으로 시험위원 전원이 합의하여 판단한 경우

　차) 부정행위에 해당하는 경우

❼ 항목별 배점은 위생상태 및 안전관리 10점, 복어부위감별 5점, 조리기술 70점, 작품의 평가 15점입니다.

❽ 제과제 복어부위감별 작성 시 비번호 및 답안작성은 검은색 필기구만 사용하여야 하며, 그 외 연필류, 유색 필기구, 지워지는 펜 등의 필기구를 사용하여 작성할 경우 0점 처리되오니 불이익을 당하지 않도록 유의해 주시기 바라며, 답안 정정 시에는 정정하고자 하는 단어에 두 줄(=)을 긋고 다시 작성하거나 수정테이프(수정액 제외)를 사용하여 정정하시기 바랍니다.

❾ 시험시작 전 가벼운 몸 풀기(스트레칭) 동작으로 긴장을 풀고 시험을 시작합니다.

출제기준(실기)

직무 분야	음식 서비스	중직무 분야	조리	자격 종목	일식조리기능사	적용 기간	2023.1.1.~2025.12.31.

- 직무내용 : 일식메뉴 계획에 따라 식재료를 선정, 구매, 검수, 보관 및 저장하며 맛과 영양을 고려하여 안전하고 위생적으로 음식을 조리하고 조리기구와 시설관리를 수행하는 직무이다.
- 수행준거 : 1. 위생관련 지식을 이해하고 개인위생·식품위생을 관리하고 전반적인 조리작업을 위생적으로 할 수 있다.
  2. 일식 기초조리작업 수행에 필요한 칼 다루기, 조리 방법 등 기본적 지식을 이해하고 기능을 익혀 조리업무에 활용할 수 있다.
  3. 준비된 식재료에 따라 다양한 양념을 첨가하여 용도에 맞춰 무쳐낼 수 있다.
  4. 준비된 맛국물에 주재료를 사용하여 맛과 향을 중요시하게 조리할 수 있다.
  5. 다양한 식재료을 이용하여 조림을 할 수 있다.
  6. 면 재료를 이용하여 양념, 국물과 함께 제공하여 조리할 수 있다.
  7. 식사로 사용되는 밥 짓기, 녹차 밥, 덮밥류, 죽류를 조리할 수 있다.
  8. 손질한 식재료를 혼합 초를 이용하여 초회를 조리할 수 있다.

실기검정방법	작업형	시험시간	1시간 정도

실기과목명	주요항목	세부항목	세세항목
일식 조리 실무	1. 음식 위생관리	1. 개인위생 관리하기	1. 위생관리기준에 따라 조리복, 조리모, 앞치마, 조리 안전화 등을 착용할 수 있다 2. 두발, 손톱, 손 등 신체청결을 유지하고 작업수행 시 위생습관을 준수할 수 있다. 3. 근무 중의 흡연, 음주, 취식 등에 대한 작업장 근무수칙을 준수할 수 있다. 4. 위생관련법규에 따라 질병, 건강검진 등 건강상태를 관리하고 보고할 수 있다.
		2. 식품위생 관리하기	1. 식품의 유통기한·품질 기준을 확인하여 위생적인 선택을 할 수 있다. 2. 채소·과일의 농약 사용여부와 유해성을 인식하고 세척할 수 있다. 3. 식품의 위생적 취급기준을 준수할 수 있다. 4. 식품의 반입부터 저장, 조리과정에서 유독성, 유해물질의 혼입을 방지할 수 있다.

실기과목명	주요항목	세부항목	세세항목
		3. 주방위생 관리하기	1. 주방 내에서 교차오염 방지를 위해 조리생산 단계별 작업공간을 구분하여 사용할 수 있다. 2. 주방위생에 있어 위해요소를 파악하고, 예방할 수 있다. 3. 주방, 시설 및 도구의 세척, 살균, 해충·해서 방제 작업을 정기적으로 수행할 수 있다. 4. 시설 및 도구의 노후상태나 위생상태를 점검하고 관리할 수 있다. 5. 식품이 조리되어 섭취되는 전 과정의 주방 위생 상태를 점검하고 관리할 수 있다. 6. HACCP적용 업장의 경우 HACCP관리기준에 의해 관리할 수 있다.
	2. 음식 안전관리	1. 개인안전 관리하기	1. 안전관리 지침서에 따라 개인 안전관리 점검표를 작성할 수 있다. 2. 개인안전사고 예방을 위해 도구 및 장비의 정리정돈을 상시 할 수 있다. 3. 주방에서 발생하는 개인 안전사고의 유형을 숙지하고 예방을 위한 안전수칙을 지킬 수 있다. 4. 주방 내 필요한 구급품이 적정 수량 비치되었는지 확인하고 개인 안전 보호 장비를 정확하게 착용하여 작업할 수 있다. 5. 개인이 사용하는 칼에 대해 사용안전, 이동안전, 보관안전을 수행할 수 있다. 6. 개인의 화상사고, 낙상사고, 근육팽창과 골절사고, 절단사고, 전기기구에 인한 전기 쇼크 사고, 화재 사고와 같은 사고 예방을 위해 주의사항을 숙지하고 실천할 수 있다. 7. 개인 안전사고 발생 시 신속 정확한 응급조치를 실시하고 재발 방지 조치를 실행할 수 있다.
		2. 장비·도구 안전작업하기	1. 조리장비·도구에 대한 종류별 사용방법에 대해 주의사항을 숙지할 수 있다. 2. 조리장비·도구를 사용 전 이상 유무를 점검할 수 있다. 3. 안전 장비류 취급 시 주의사항을 숙지하고 실천할 수 있다. 4. 조리장비·도구를 사용 후 전원을 차단하고 안전수칙을 지키며 분해하여 청소할 수 있다. 5. 무리한 조리장비·도구 취급은 금하고 사용 후 일정한 장소에 보관하고 점검할 수 있다. 6. 모든 조리장비·도구는 반드시 목적 이외의 용도로 사용하지 않고 규격품을 사용할 수 있다.

실기과목명	주요항목	세부항목	세세항목
		3. 작업환경 안전 관리하기	1. 작업환경 안전관리 시 작업환경 안전관리 지침서를 작성할 수 있다. 2. 작업환경 안전관리 시 작업장 주변 정리 정돈 등을 관리 점검할 수 있다. 3. 작업환경 안전관리 시 제품을 제조하는 작업장 및 매장의 온·습도관리를 통하여 안전사고요소 등을 제거할 수 있다. 4. 작업장 내의 적정한 수준의 조명과 환기, 이물질, 미끄럼 및 오염을 방지할 수 있다. 5. 작업환경에서 필요한 안전관리시설 및 안전용품을 파악하고 관리할 수 있다. 6. 작업환경에서 화재의 원인이 될 수 있는 곳을 자주 점검하고 화재진압기를 배치하고 사용할 수 있다. 7. 작업환경에서의 유해, 위험, 화학물질을 처리기준에 따라 관리할 수 있다. 8. 법적으로 선임된 안전관리책임자가 정기적으로 안전교육을 실시하고 이에 참여할 수 있다.
	3. 일식 기초 조리 실무	1. 기본 칼 기술 습득하기	1. 칼의 종류와 사용 용도를 이해할 수 있다. 2. 기본 썰기 방법을 습득할 수 있다. 3. 조리목적에 맞게 식재료를 썰 수 있다. 4. 칼을 연마하고 관리할 수 있다.
		2. 기본 기능 습득하기	1. 일식 기본양념에 대한 지식을 설명할 수 있다. 2. 일식 곁들임에 대한 지식을 이해하고 습득할 수 있다. 3. 일식 기본 맛국물조리에 대한 지식을 이해하고 습득할 수 있다. 4. 일식 기본 재료에 대한 지식을 이해하고 습득할 수 있다.
		3. 기본 조리방법 습득하기	1. 일식 조리도구의 종류 및 용도에 대하여 이해하고 습득할 수 있다. 2. 계량방법을 습득할 수 있다. 3. 일식 기본 조리법에 대한 지식을 이해하고 습득할 수 있다. 4. 조리 업무 전과 후의 상태를 점검할 수 있다.
	4. 일식 무침 조리	1. 무침 재료 준비하기	1. 식재료를 기초손질 할 수 있다 2. 무침양념을 준비할 수 있다. 3. 곁들임 재료를 준비할 수 있다.
		2. 무침 조리하기	1. 식재료를 전처리 할 수 있다. 2. 무침양념을 사용할 수 있다. 3. 식재료와 무침양념을 용도에 맞게 무쳐낼 수 있다.

실기과목명	주요항목	세부항목	세세항목
		3. 무침 담기	1. 용도에 맞는 기물을 선택할 수 있다. 2. 제공 직전에 무쳐낼 수 있다. 3. 색상에 맞게 담아낼 수 있다.
	5. 일식 국물 조리	1. 국물 재료 준비하기	1. 주재료를 손질하고 다듬을 수 있다. 2. 부재료를 손질할 수 있다. 3. 향미재료를 손질할 수 있다.
		2. 국물 우려내기	1. 물의 온도에 따라 국물재료를 넣는 시점을 조절할 수 있다. 2. 국물재료의 종류에 따라 불의 세기를 조절할 수 있다. 3. 국물재료의 종류에 따라 우려내는 시간을 조절할 수 있다.
		3. 국물요리 조리하기	1. 맛국물을 조리할 수 있다. 2. 주재료와 부재료를 조리할 수 있다. 3. 향미재료를 첨가하여 국물요리를 완성할 수 있다.
	6. 일식 조림 조리	1. 조림 재료 준비하기	1. 생선, 어패류, 육류를 재료의 특성에 맞게 손질할 수 있다. 2. 두부, 채소, 버섯류를 재료의 특성에 맞게 손질할 수 있다. 3. 메뉴에 따라 양념장을 준비할 수 있다.
		2. 조림 조리하기	1. 재료에 따라 조림양념을 만들 수 있다. 2. 식재료의 종류에 따라 불의 세기와 시간을 조절할 수 있다. 3. 재료의 색상과 윤기가 살아나도록 조릴 수 있다.
		3. 조림 담기	1. 조림의 특성에 따라 기물을 선택할 수 있다. 2. 재료의 형태를 유지할 수 있다. 3. 곁들임을 첨가하여 담아낼 수 있다.
	7. 일식 면류 조리	1. 면 재료 준비하기	1. 면류의 식재료를 용도에 맞게 손질할 수 있다. 2. 면 요리에 맞는 부재료와 양념을 준비할 수 있다. 3. 면 요리의 구성에 맞는 기물을 준비할 수 있다.
		2. 면 국물 조리하기	1. 면 요리의 종류에 맞게 맛국물을 조리할 수 있다. 2. 주재료와 부재료를 조리할 수 있다. 3. 향미재료를 첨가하여 면 국물 조리를 완성할 수 있다.
		3. 면 조리하기	1. 면 요리의 종류에 맞게 맛국물을 준비할 수 있다. 2. 부재료는 양념하거나 익혀서 준비할 수 있다. 3. 면을 용도에 맞게 삶아서 준비할 수 있다.
	8. 일식 밥류조리	1. 밥 짓기	1. 쌀을 씻어 불릴 수 있다. 2. 조리법(밥, 죽)에 맞게 물을 조절할 수 있다. 3. 밥을 지어 뜸들이기를 할 수 있다.

실기과목명	주요항목	세부항목	세세항목
		2. (녹차) 밥 조리하기	1. 맛국물을 낼 수 있다. 2. 메뉴에 맞게 기물선택을 할 수 있다. 3. 밥에 맛국물을 넣고 고명을 선택할 수 있다.
		3. 덮밥소스 조리하기	1. 덮밥용 맛국물을 만들 수 있다. 2. 덮밥용 양념간장을 만들 수 있다. 3. 덮밥 재료에 따른 소스를 조리하여 덮밥을 만들 수 있다.
		4. 덮밥류 조리하기	1. 덮밥의 재료를 용도에 맞게 손질할 수 있다. 2. 맛국물에 튀기거나 익힌 재료를 넣고 조리할 수 있다. 3. 밥 위에 조리된 재료를 놓고 고명을 곁들일 수 있다.
		5. 죽류 조리하기	1. 맛국물을 낼 수 있다. 2. 용도(쌀, 밥)에 맞게 주재료를 조리 할 수 있다. 3. 주재료와 부재료를 사용하여 죽을 조리할 수 있다.
	9. 일식 초회 조리	1. 초회 재료 준비하기	1. 식재료를 기초손질 할 수 있다. 2. 혼합 초 재료를 준비할 수 있다. 3. 곁들임 양념을 준비할 수 있다.
		2. 초회 조리하기	1. 식재료를 전처리 할 수 있다. 2. 혼합 초를 만들 수 있다. 3. 식재료와 혼합초의 비율을 용도에 맞게 조리할 수 있다.
		3. 초회 담기	1. 용도에 맞는 기물을 선택할 수 있다. 2. 제공 직전에 무쳐낼 수 있다. 3. 색상에 맞게 담아낼 수 있다.
	10. 일식 찜 조리	1. 찜 재료 준비하기	1. 메뉴에 따라 재료의 특성을 살려 손질할 수 있다. 2. 고명, 부재료, 향신료를 조리법에 맞추어 손질할 수 있다. 3. 양념재료를 준비할 수 있다.
		2. 찜 소스 조리하기	1. 메뉴에 따라 재료의 특성을 살려 맛국물을 준비할 수 있다. 2. 찜 소스를 찜의 종류와 특성에 따라 조리법에 맞추어 조리할 수 있다. 3. 첨가되는 찜 소스의 양을 조절하여 조리할 수 있다.
		3. 찜 조리하기	1. 찜통을 준비할 수 있다. 2. 찜 양념을 만들 수 있다. 3. 식재료의 종류에 따라 불의 세기와 시간을 조절할 수 있다. 4. 재료에 따라 찜조리를 할 수 있다.

실기과목명	주요항목	세부항목	세세항목
		4. 찜 담기	1. 찜의 특성에 따라 기물을 선택할 수 있다. 2. 재료의 형태를 유지할 수 있다. 3. 곁들임을 첨가하여 완성할 수 있다.
	11. 일식 롤초밥 조리	1. 롤초밥 재료 준비하기	1. 초밥용 밥을 준비할 수 있다. 2. 롤초밥의 용도에 맞는 재료를 준비할 수 있다. 3. 고추냉이(가루, 생)와 부재료를 준비할 수 있다.
		2. 롤 양념초 조리하기	1. 초밥용 배합초의 재료를 준비할 수 있다. 2. 초밥용 배합초를 조리할 수 있다. 3. 용도에 맞게 다양한 배합초를 준비된 밥에 뿌릴 수 있다.
		3. 롤초밥 조리하기	1. 롤초밥의 모양과 양을 조절할 수 있다. 2. 신속한 동작으로 만들 수 있다. 3. 용도에 맞게 다양한 롤초밥을 만들 수 있다.
		4. 롤초밥 담기	1. 롤초밥의 종류와 양에 따른 기물을 선택할 수 있다. 2. 롤초밥을 구성에 맞게 담을 수 있다. 3. 롤초밥에 곁들임을 첨가할 수 있다. 4. 롤초밥에 대나무 잎 등을 잘라 장식할 수 있다.
	12. 일식 구이 조리	1. 구이 재료 준비하기	1. 식재료를 용도에 맞게 손질할 수 있다. 2. 식재료에 맞는 양념을 준비할 수 있다. 3. 구이 용도에 맞는 기물을 준비할 수 있다.
		2. 구이 조리하기	1. 식재료의 특성에 따라 구이 방법을 선택할 수 있다. 2. 불의 강약을 조절하여 구워낼 수 있다. 3. 재료의 형태가 부서지지 않도록 구울 수 있다.
		3. 구이 담기	1. 모양과 형태에 맞게 담아낼 수 있다. 2. 양념을 준비하여 담아낼 수 있다. 3. 구이 종류의 특성에 따라 곁들임을 함께 제공할 수 있다.

직무분야	음식 서비스	중직무분야	조리	자격종목	복어조리기능사	적용기간	2023.1.1.~2025.12.31.

- 직무내용 : 복어조리메뉴 계획에 따라 식재료를 선정, 구매, 검수, 보관 및 저장하며 맛과 영양을 고려하여 안전하고 위생적으로 음식을 조리하고 조리기구와 시설관리를 수행하는 직무이다.
- 수행준거 : 1. 위생관련 지식을 이해하고 개인위생·식품위생을 관리하고 전반적인 조리작업을 위생적으로 할 수 있다.
  2. 복어 기초조리작업 수행에 필요한 칼 다루기, 조리 방법 등 기본적 지식을 이해하고 기능을 익혀 조리업무에 활용할 수 있다.
  3. 주방에서 일어날 수 있는 사고와 재해에 대하여 안전수칙준수, 안전예방 등을 할 수 있다.
  4. 복어조리 작업 수행에 필요한 재료를 저장, 재고관리 등 재료를 효율적으로 관리할 수 있다.
  5. 다양한 채소류, 복떡과 곁들임 재료를 손질할 수 있다.
  6. 초간장, 양념, 조리별 양념장을 용도에 맞게 만들 수 있다.
  7. 채 썬 껍질을 초간장에 무쳐낼 수 있다.
  8. 준비된 맛국물에 주재료를 사용하여 맛과 향을 중요시하게 조리할 수 있다.
  9. 복어살을 전처리하여 얇게 포를 떠서 국화 모양으로 그릇에 담을 수 있다.

실기검정방법	작업형	시험시간	60분 정도

실기과목명	주요항목	세부항목	세세항목
복어 조리 실무	1. 음식 위생관리	1. 개인위생 관리하기	1. 위생관리기준에 따라 조리복, 조리모, 앞치마, 조리안전화 등을 착용할 수 있다 2. 두발, 손톱, 손 등 신체청결을 유지하고 작업수행 시 위생습관을 준수할 수 있다. 3. 근무 중의 흡연, 음주, 취식 등에 대한 작업장 근무수칙을 준수할 수 있다. 4. 위생관련법규에 따라 질병, 건강검진 등 건강상태를 관리하고 보고할 수 있다.
		2. 식품위생 관리하기	1. 식품의 유통기한·품질 기준을 확인하여 위생적인 선택을 할 수 있다. 2. 채소·과일의 농약 사용여부와 유해성을 인식하고 세척할 수 있다. 3. 식품의 위생적 취급기준을 준수할 수 있다. 4. 식품의 반입부터 저장, 조리과정에서 유독성, 유해물질의 혼입을 방지할 수 있다.

실기과목명	주요항목	세부항목	세세항목
		3. 주방위생 관리하기	1. 주방 내에서 교차오염 방지를 위해 조리생산 단계별 작업공간을 구분하여 사용할 수 있다. 2. 주방위생에 있어 위해요소를 파악하고, 예방할 수 있다. 3. 주방, 시설 및 도구의 세척, 살균, 해충·해서 방제 작업을 정기적으로 수행할 수 있다. 4. 시설 및 도구의 노후상태나 위생상태를 점검하고 관리할 수 있다. 5. 식품이 조리되어 섭취되는 전 과정의 주방 위생상태를 점검하고 관리할 수 있다. 6. HACCP적용 업장의 경우 HACCP관리기준에 의해 관리할 수 있다.
	2. 음식 안전관리	1. 개인안전 관리하기	1. 안전관리 지침서에 따라 개인 안전관리 점검표를 작성할 수 있다. 2. 개인안전사고 예방을 위해 도구 및 장비의 정리정돈을 상시 할 수 있다. 3. 주방에서 발생하는 개인 안전사고의 유형을 숙지하고 예방을 위한 안전수칙을 지킬 수 있다. 4. 주방 내 필요한 구급품이 적정 수량 비치되었는지 확인하고 개인 안전 보호 장비를 정확하게 착용하여 작업할 수 있다. 5. 개인이 사용하는 칼에 대해 사용안전, 이동안전, 보관안전을 수행할 수 있다. 6. 개인의 화상사고, 낙상사고, 근육팽창과 골절사고, 절단사고, 전기기구에 인한 전기 쇼크 사고, 화재사고와 같은 사고 예방을 위해 주의사항을 숙지하고 실천할 수 있다. 7. 개인 안전사고 발생 시 신속 정확한 응급조치를 실시하고 재발 방지 조치를 실행할 수 있다.
		2. 장비·도구 안전작업하기	1. 조리장비·도구에 대한 종류별 사용방법에 대해 주의사항을 숙지할 수 있다. 2. 조리장비·도구를 사용 전 이상 유무를 점검할 수 있다. 3. 안전 장비류 취급 시 주의사항을 숙지하고 실천할 수 있다. 4. 조리장비·도구를 사용 후 전원을 차단하고 안전수칙을 지키며 분해하여 청소할 수 있다. 5. 무리한 조리장비·도구 취급은 금하고 사용 후 일정한 장소에 보관하고 점검할 수 있다. 6. 모든 조리장비·도구는 반드시 목적 이외의 용도로 사용하지 않고 규격품을 사용할 수 있다.

실기과목명	주요항목	세부항목	세세항목
		3. 작업환경 안전 관리하기	1. 작업환경 안전관리 시 작업환경 안전관리 지침서를 작성할 수 있다. 2. 작업환경 안전관리 시 작업장 주변 정리 정돈 등을 관리 점검할 수 있다. 3. 작업환경 안전관리 시 제품을 제조하는 작업장 및 매장의 온·습도관리를 통하여 안전사고요소 등을 제거할 수 있다. 4. 작업장 내의 적정한 수준의 조명과 환기, 이물질, 미끄럼 및 오염을 방지할 수 있다. 5. 작업환경에서 필요한 안전관리시설 및 안전용품을 파악하고 관리할 수 있다. 6. 작업환경에서 화재의 원인이 될 수 있는 곳을 자주 점검하고 화재진압기를 배치하고 사용할 수 있다. 7. 작업환경에서의 유해, 위험, 화학물질을 처리기준에 따라 관리할 수 있다. 8. 법적으로 선임된 안전관리책임자가 정기적으로 안전교육을 실시하고 이에 참여할 수 있다.
	3. 복어 기초 조리 실무	1. 기본 칼 기술 습득하기	1. 칼의 종류와 사용 용도를 이해할 수 있다. 2. 기본 썰기 방법을 습득할 수 있다. 3. 조리목적에 맞게 식재료를 썰 수 있다. 4. 칼을 연마하고 관리할 수 있다.
		2. 기본 기능 습득하기	1. 복어 기본양념에 대한 지식을 이해하고 습득할 수 있다. 2. 복어 곁들임에 대한 지식을 이해하고 습득할 수 있다. 3. 복어 기본 맛국물 조리에 대한 지식을 이해하고 습득할 수 있다. 4. 복어 기본 재료에 대한 지식을 이해하고 습득할 수 있다.
		3. 기본 조리법 습득하기	1. 복어 조리도구의 종류 및 용도에 대하여 이해하고 습득할 수 있다. 2. 계량방법을 습득할 수 있다. 3. 복어 기본 조리법에 대한 지식을 이해하고 습득할 수 있다. 4. 조리 업무 전과 후의 상태를 점검할 수 있다.
	4. 복어 부재료 손질	1. 채소 손질하기	1. 채소를 용도별로 구분할 수 있다. 2. 채소를 용도별로 손질할 수 있다. 3. 채소를 신선하게 보관할 수 있다.
		2. 복떡 굽기	1. 복떡을 용도에 맞게 전처리 할 수 있다. 2. 복떡을 쇠꼬챙이에 꿸 수 있다. 3. 복떡을 타지 않게 구울 수 있다.

실기과목명	주요항목	세부항목	세세항목
	5. 복어 양념장 준비	1. 초간장 만들기	1. 초간장 제조에 필요한 재료를 준비할 수 있다. 2. 재료를 비율에 맞게 혼합하여 초간장을 만들 수 있다. 3. 초간장을 용도에 맞게 숙성시킬 수 있다.
		2. 양념 만들기	1. 양념 제조에 필요한 재료를 준비할 수 있다. 2. 양념 구성 재료를 용도에 맞게 손질할 수 있다. 3. 양념 구성 재료를 이용하여 양념을 만들 수 있다.
		3. 조리별 양념장 만들기	1. 조리별 양념장 제조에 필요한 재료를 준비할 수 있다. 2. 조리별 양념장 재료를 용도에 맞게 손질할 수 있다. 3. 재료를 이용하여 조리별 양념장을 만들 수 있다.
	6. 복어 껍질초회 조리	1. 복어껍질 재료 준비하기	1. 복어껍질의 가시를 완전히 제거할 수 있다. 2. 손질된 복어껍질을 데치고 건조시킬 수 있다. 3. 건조된 복어껍질을 초회용으로 채 썰 수 있다. 4. 곁들임 채소를 준비하여 채 썰 수 있다.
		2. 복어 초회 양념 만들기	1. 재료의 비율에 맞게 초간장을 만들 수 있다. 2. 양념재료를 이용하여 양념을 만들 수 있다. 3. 초간장과 양념으로 초회 양념을 만들 수 있다.
		3. 복어껍질 무치기	1. 재료의 배합 비율을 용도에 맞게 조절할 수 있다. 2. 채 썬 복어껍질을 초회 양념으로 무칠 수 있다. 3. 복어껍질초회를 제시된 모양으로 담아낼 수 있다.
	7. 복어 죽 조리	1. 복어 맛국물 준비하기	1. 맛국물을 내기 위한 전처리 작업을 준비할 수 있다. 2. 다시마로 맛국물을 내기 위해 준비할 수 있다. 3. 복어 뼈로 맛국물을 내기 위해 준비할 수 있다.
		2. 복어 죽 재료 준비하기	1. 밥을 물에 씻어 복어 죽 용도로 준비할 수 있다. 2. 쌀을 씻어 불려서 복어 죽 용도로 준비할 수 있다. 3. 부재료를 복어 죽용으로 준비할 수 있다.
		3. 복어 죽 끓여서 완성하기	1. 불린 쌀과 복어 살 등으로 복어 죽을 만들 수 있다. 2. 씻은 밥과 복어 살 등으로 복어 죽을 만들 수 있다. 3. 복어 죽의 종류별 차이점을 설명할 수 있다.
	8. 복어 회 국화 모양 조리	1. 복어 살 전처리 작업하기	1. 복어살이 뼈에 붙어있지 않게 분리할 수 있다. 2. 복어살에 붙은 엷은 막을 분리할 수 있다. 3. 엷은 막의 복어 살을 회 장식에 사용할 수 있다. 4. 복어살의 어취와 수분을 제거할 수 있다.
		2. 복어 회 뜨기	1. 복어살을 일정한 폭과 길이로 자를 수 있다. 2. 복어 회의 끝부분을 삼각 접기할 수 있다. 3. 복어 회를 접시에 담아낼 수 있다. 4. 복어 회를 국화 모양으로 만들 수 있다.
		3. 복어 회 국화모양 접시에 담기	1. 복어 회를 완성 접시에 국화모양으로 담을 수 있다. 2. 실파, 미나리, 겉껍질, 속껍질 등 곁들임 재료들을 담을 수 있다.

실기과목명	주요항목	세부항목	세세항목
	9. 복어 튀김 조리	1. 복어 튀김 재료 준비하기	1. 복어를 한입 크기로 토막 낼 수 있다. 2. 어취를 다양한 방법으로 제거할 수 있다. 3. 손질된 복어를 튀김용으로 밑간할 수 있다. 4. 곁들임 채소를 튀김용으로 준비할 수 있다. 5. 튀김용 종이를 준비할 수 있다.
		2. 복어 튀김옷 준비하기	1. 박력분 밀가루를 이용하여 튀김옷을 만들 수 있다. 2. 전분을 이용하여 튀김옷을 만들 수 있다. 3. 밀가루와 전분을 혼합하여 튀김옷을 만들 수 있다. 4. 튀김옷에 양념을 할 수 있다.
		3. 복어 튀김 조리 완성하기	1. 튀김용 기름의 온도와 양을 조리 용도에 맞게 조절할 수 있다. 2. 양념된 복어와 곁들임 채소를 튀겨 낼 수 있다. 3. 튀긴 복어를 제시된 모양으로 담아낼 수 있다.
	10. 복어 선별·손질관리	1. 기초 손질하기	1. 복어를 위생적으로 세척할 수 있다 2. 복어의 점액질을 제거할 수 있다. 3. 복어를 부위별로 분리할 수 있다.
		2. 식용부위 손질하기	1. 가식과 불가식 부위를 정확하게 구분할 수 있다. 2. 가식 부위를 조리용도에 맞게 손질할 수 있다. 3. 불가식 부위를 안전하게 분리할 수 있다.
		3. 제독 처리하기	1. 복어의 독성이 있는 부위를 정확하게 분류할 수 있다. 2. 복어의 독을 안전하게 제거할 수 있다.
		4. 껍질 작업하기	1. 복어를 겉껍질과 속껍질로 분리할 수 있다. 2. 복어 껍질의 점액질과 핏줄을 제거할 수 있다. 3. 복어 껍질의 가시를 제거할 수 있다.
		5. 독성부위 폐기하기	1. 복어의 독성 부위를 안전하게 폐기할 수 있다.

일식 조리실무 이해

제1부

01 일본요리의 개요

　일본요리는 섬나라의 지리적인 영향으로 해산물요리가 주로 발전하였다. 일본은 우리나라와 가까운 곳에 위치하였지만, 음식의 특징은 한국요리와 많은 차이점을 보인다. 한국요리는 다른 나라의 잦은 침범과 불교문화, 유교문화의 전파 등 역사적으로 많은 혼돈의 시기를 거쳐 근대에 와서는 급박한 산업화 사회 속에서 생성되었다. 하지만 일본요리는 불교문화의 전파로 식문화가 발전되었고 서양문명을 개방적으로 흡수하여 음식문화의 변화와 발전을 거듭하였다.

　일본요리라 하면 사시미(회)와 스시(초밥)가 대표적인 음식으로 자리매김하고 있다. 일본은 동북아시아와 거의 비슷한 식문화를 보이지만, 음식의 다른 점은 향신료의 사용을 자제하고 재료가 가지고 있는 본래의 맛을 최대한 살리려는 담백한 음식들이 발달하였다는 점이다. 현재 전 세계적으로 생선을 날로 먹지 않는 나라에서도 일본의 사시미와 스시가 많이 유행하고 있다. 고단백 저칼로리의 웰빙음식으로 인식되면서 서양에서 급속한 음식전파가 이루어지고 있는 것이다.

　일본요리는 "눈으로 먹는 요리"라고 할 정도로 음식에 대한 멋과 기술을 강조한다. 따라서 계절에 맞는 식재료의 선택과 조리기구, 그릇 선택에도 세심한 주의를 기울인다.

　일본요리는 우리나라처럼 숟가락과 젓가락을 이용한 식문화가 아닌, 젓가락 위주의 음식문화를 보인다. 따라서 일본음식은 젓가락 사용에 대한 예절과 방법을 강조한다.

02 일본요리의 특징

일본요리의 특징은 주재료 자체의 맛을 가장 중요시하며 조미료와 향신료의 사용을 최대한 자제하고 색깔의 조화를 중요시하며 계절을 음미할 수 있는 식재료와 그릇 등을 사용한다는 것이다.

일본요리는 사시미(회)와 스시(초밥), 더불어 회석요리가 대표적이며, 조리법은 오색, 오미, 오법으로 구성되어 있다. 오색은 흰색, 검정색, 노란색, 빨간색, 청색을 의미하며, 오미는 단맛, 짠맛, 신맛, 쓴맛, 매운맛을 의미하고, 오법은 생것, 구이, 조림, 찜, 튀김을 의미한다. 또한 일본요리는 주재료를 홀수로 담으며, 오른쪽에 먼저 담고 왼쪽으로 향하고, 뒤에서 앞쪽으로 오도록 담아간다. 그릇의 선택은 음식의 색상과 여백, 균형을 고려하여 선택한다.

일본요리의 역사

- **조몬토기시대(BC 700~3세기)** 주로 생식이 많았던 시대로 특별한 조리기술이 발달되지 않았다.
- **야요이토기 고흥시대(3~6세기경)** 토기를 사용하였으며 벼농사가 시작되었다.
- **나라시대(710~794)** 불교문화의 활성화와 귀족계급이 등장하였다.
- **헤이안시대(794~1185)** 중국, 한국의 식문화가 많이 전파되었다.
- **가마쿠라시대(1192~1333)** 무가정권의 시대였으며 정진요리가 사원을 중심으로 발달하였다.
- **무로마치시대(1338~1573)** 무가문화가 주류를 잡았으며 가이세키요리가 등장하게 되었다.
- **아츠치, 모모야마시대(1568~1600)** 가이세키요리의 정착과 차의 생활화 및 다양한 외국의 식재료와 조리법이 유입되었다.
- **에도시대(1603~1867)** 가이세키요리가 발달하였으며 일본요리 발달의 시기이다.
- **메이지 이후(1868~현대)** 서양요리의 확산으로 일본요리와 서양요리의 혼돈시대이다.

04 일본요리의 식사예절

일본요리의 식사예절은 엄격하고 까다롭다. 젓가락만 사용하며, 식사 전에 잘 먹겠다는 인사말을 하고 식사 중에는 올바른 자세로 소리나지 않도록 먹는다.

일본요리는 덮밥이나 우동, 면요리, 소바 등 평상시에 먹는 대중음식이 있고, 한국의 궁중음식이나 반가음식처럼 가이세키(연회)요리라는 고급요리가 있다.

가이세키요리(회석요리)는 진미–전채–맑은국–생선회–구이요리–조림요리–튀김요리–초회–밥, 국, 오싱코–과일의 순서대로 제공된다.

일본요리의 조리기구

달걀구이팬(다마코야키나베)

일식조리기능사 실기시험에 사용되는 달걀말이구이를 하는 팬으로, 주로 고온에서 기름을 적당히 묻혀 달군 상태에서 달걀구이를 해야 팬에 눌러 붙지 않는다.

덮밥냄비(돈부리나베)

각종 덮밥(쇠고기, 닭고기, 채소)의 조리 시 달걀을 풀어서 완성하는 지름이 14cm인 주로 알루미늄 재질의 냄비이다. 덮밥이 냄비에 미끄러지듯이 내려가야 깔끔한 덮밥이 완성된다.

숫돌(토이시)

사시마보초, 데바보초, 야나기보초, 우수바보초 등 일식 칼을 가는 용도로 사용되며 200방, 800방, 1,000방, 2,000방, 3,000방, 4,000방, 6,000방 등이 있다. 숫돌 중에서도 세라믹 재질의 숫돌을 우수한 품질로 인정하고 있으며, 숫자가 낮을수록 입자가 거칠어서 무딘 칼이나 심하게 손상된 칼을 연마 시 사용하고, 숫자가 높을수록 입자가 매우 고와 칼 가는 마지막 용도로 사용된다.

칼을 처음 구입 시에는 800방에서 시작하여 마무리는 2,000방이 좋으며, 칼을 어느 정도 사용한 상태에서 연마를 한다면 1,000방에서 시작하여 4,000방으로 마무리하는 것이 좋다.

요리용 뚜껑(오토시부타)

주로 조림요리에 사용되며 국물이 재료에 골고루 닿게 하여 균일한 맛을 낼 수 있도록 해주는 데 사용된다. 일식조리기능사에서는 주로 도미조림에 사용되고 있으며, 오토시부타 대용으로 알루미늄 호일을 둥글게 말아 구멍을 5~6개 뚫어서 사용할 수 있다.

강판(오로시가네)

와사비(고추냉이), 무, 생강 등을 갈 때 사용한다. 좋은 강판은 구리 재질로 되어 있다.

뼈 제거기(호네누키)

생선의 가시를 제거하는 용도로 사용된다. 얼핏 보면 족집게처럼 생겼다. 일식조리기능사에서는 도미와 꽁치 등의 생선이 지급될 때 사용한다.

생선비늘 제거기(우로코히키)

생선의 비늘을 제거하는 용도로 사용된다. 일식조리기능사에서는 도미가 지급될 경우 사용한다.

초밥 혼합도구(한기리)

밥에 배합초를 섞을 때 사용하는 기구로 대나무 재질로 되어 있다. 사용 시 물에 꼭 씻어서 물기가 약간 묻은 상태에서 사용해야 밥이 달라붙지 않는다. 일식조리기능사에서는 한기리 대용으로 믹싱볼을 그냥 사용해도 된다.

쇠젓가락(모리바시)

자루가 나무이며 끝이 날카로운 금속으로 된 젓가락으로, 위생적으로 집

을 수 있어 주로 사시미를 담을 때 사용한다. 일식조리기능사에서는 생선모둠회 때 사용한다.

꼬챙이(쿠시)

구이용에 사용되는 것으로 길이와 굵기가 다양하다. 일식조리기능사에서는 삼치소금구이에 사용한다.

김발(마키스)

대나무를 이용해서 만든 것으로 일식조리기능사에서 김초밥, 참치 김초밥, 달걀군힘, 배추말이 등에 사용된다.

회칼(사시미보초)

주로 사시미를 할 때 당겨 썰거나 내려 썰 때 사용하는 칼로 240mm, 270mm, 300mm, 330mm의 종류가 있다. 재질로는 스테인리스, 탄소합금강, 하이스강이 있으며, 대표적인 상호로는 백로특선(스테인리스), 백로단조(스테인리스), 마사히로(탄소합금강), 풍천도(하이스강)이 있으며, 이 중에서 풍천도가 유일하게 국내에서 제작되는 칼이다.

일식 칼은 좌용과 우용이 있는데, 칼날이 왼쪽으로 서 있으면 왼손잡이용이고, 오른쪽으로 칼날이 서 있으면 오른손잡이용이다. 스테인리스 재질의 칼은 연마가 용이하고 녹이 설지 않는 장점이 있으며, 풍천도는 칼의 연마가 상당히 어려운 대신에 한 번 날을 세우면 쉽게 무뎌지지 않는 장점이 있다. 현재 참치나 일식을 전문으로하는 조리사들은 대부분 풍천도를 많이 사용하고 있다.

뼈자름 칼(데바보초)

보통 오로시용으로 많이 알고 있는데, 생선의 살과 뼈를 분리하는 작업에 사용된다. 주로 스테인리스 재질의 데바보초를 많이 사용하고 있다. 155mm, 180mm, 210mm의 종류가 있다. 데바보초는 사시미보초에 비해서 뼈를 절단하고 다듬는 작업에 사용되므로, 칼날이 자주 손상되는 경우가 많아서 고가의 재질을 사용하지 않는 편이다.

채소 칼(우수바보초)

주로 채소를 다듬는 데 사용되는 칼로서 관서형은 끝이 약간 둥글고, 관동형은 끝이 직각으로 되어 있다.

장어 칼(우나기보초)

민물장어나 바닷장어처럼 피부에 점액질이 많은 미끄러운 생선을 손질할 때 사용한다.

06 생선 손질하는 법

광어 손질법 순서

❶ 광어의 머리와 등쪽살 경계에 칼집을 넣는다.

❷ 칼집을 넣은 다음 내장쪽 위까지 칼로 절단한다.

❸ 광어의 배쪽 부분에도 칼집을 넣어서 머리와 몸통이 분리되도록 한다.

❹ 몸통의 내장을 제거한 뒤 마른 행주로 한 번 닦아낸다.

❺ 광어 등쪽살의 중간 부분인 지아이(血合) 부분을 중심으로 칼집을 넣는다.

❻ 꼬리 부분까지 확실히 칼집을 넣어준다.

❼ 가운데 부분에서 지느러미 부분까지 칼을 기울여서 포를 뜬다(포를 뜨다가 뼈를 손상시키면 핏물이 번져나와 횟감에 묻으면 위생에 좋지 않다).

❽ 밑쪽의 살점도 마찬가지로 포를 뜬다.

❾ 살점을 뼈에서 완전히 분리한다.

❿ 광어를 뒤집어 반대편도 동일한 방법으로 포를 뜬다.

⓫ 광어의 가운데 벼는 잔칼집을 넣은 뒤 찬물에 담가 핏물을 완전히 제거한다.

⓬ 광어살의 껍질 쪽이 도마의 바닥으로 향하게 놓고 칼로 어슷하게 밀어 썰듯이 껍질을 제거한다(칼을 20° 이상 세우면 껍질이 끊어질 수 있다).

⑬ 생선모둠회의 경우 껍질 쪽이 위로 향하도록 하고 평썰기(히라즈쿠리)를 한다.

⑭ 생선초밥의 경우 껍질 쪽이 도마를 향하도록 하고 잡아당겨썰기(히키즈쿠리)를 한다.

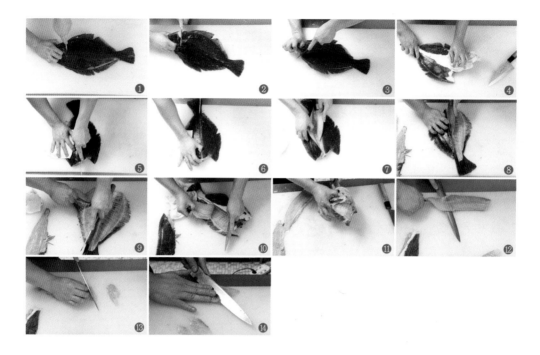

도미 손질법

❶ 도미의 비늘을 꼬리에서 머리 쪽으로 제거한다.

❷ 아가미덮개를 들고 아가미의 밑쪽 부분을 칼로 절단한다.

❸ 아가미덮개를 들고 아가미의 위쪽 부분을 칼로 절단한다.

❹ 아가미를 제거해 버린다.

❺ 도미의 아가미 바로 밑에서부터 배쪽으로 칼집을 넣어서 항문까지 절개한다.

❻ 활복한 배쪽의 내장을 펼쳐서 제거한 뒤 가운데 뼈 부분을 긁어서 핏물을 헹군다.

❼ 아가미덮개 바로 위쪽의 딱딱한 뼈를 칼로 절단한다.

❽ 반대편도 마찬가지로 한다.

❾ 양쪽의 머리와 몸통 경계에 있는 딱딱한 뼈를 완전히 제거한다.

❿ 도미의 배쪽을 도마에 향하게 하고, 도미 머리의 등 쪽을 칼로 툭툭 내리친다.

⓫ 도미 머리와 몸통을 분리한다.

⓬ 도미 머리 뒤쪽은 도마에 안정되게 고정시키고, 윗이빨 가운데에 칼을 꽂고 반대편 손으로 도미 눈 아래쪽을 잡고 칼이 도미 머리 정중앙을 지나가도록 집중해서 위에서 아래로 내려 절단한다(도미 머리 정중앙에 약간의 표시를 해 놓으면 도미 머리를 반으로 쪼개기가 수월하다).

⓭ 도미 머리가 완전히 반으로 쪼개지도록 칼에 힘을 주어 잘라낸다.

⓮ 도미 머리 위쪽 부분이 쪼개지면 밑쪽의 붙어있는 살점을 가볍게 절단한다.

⓯ 도미 머리가 클 경우 눈밑에 칼집을 넣어서 자른다.

⓰ 도미 머리를 뒤집어서 사각형 모양으로 절단한다.

⓱ 절단한 조각들이 크면 다시 쪼개어 준다.

⓲ 도미 몸통의 내장 쪽을 다시 한 번 행주로 닦아준다.

⓳ 포를 뜰 경우 먼저 내장 쪽 부분의 살과 뼈 사이에 칼집을 넣어준다.

⓴ 칼을 더 깊게 넣어서 살과 뼈가 분리되도록 포를 뜬다.

㉑ 반대쪽은 등 쪽의 지느러미 쪽에서부터 살과 뼈 사이에 칼집을 넣어준다.

㉒ 칼을 더 깊게 넣어서 살과 뼈가 분리되도록 포를 뜬다.

㉓ 도미 가운데 뼈 사이사이에 칼집을 넣어서 핏물제거가 용이하도록 한다.

㉔ 가운데 뼈를 제거한 몸통의 살에서 갈비뼈 부분을 살의 손실이 최소화되도록 하면서 제거한다.

㉕ 포를 떠서 갈비뼈를 제거한 도미살의 지아이(血合) 부분을 경계로 양쪽 살을 떼어낸다.

㉖ 도미껍질이 도마 쪽에 오도록 하고 껍질을 제거한다.

㉗ 생선모둠회의 경우 껍질 쪽이 위로 향하도록 하고 평썰기(히라즈쿠리)를 한다.

㉘ 생선초밥의 경우 껍질 쪽이 도마에 향하도록 하고 잡아당겨썰기(히키즈쿠리)를 한다.

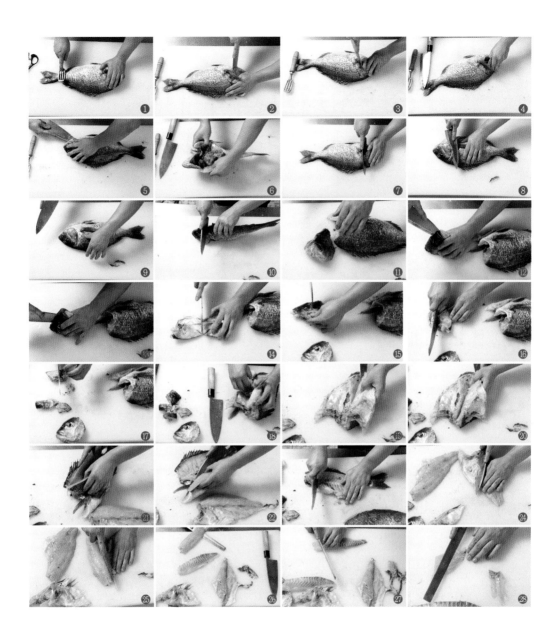

07 일본요리의 식자재 및 조미료와 향신료 이해

1. 생선 및 어패류

① 참치(마구로)

일본 4대 생선(참치, 복어, 장어, 도미)의 하나로, 지방이 적고 고단백식품으로 일본사람들에게 인기가 있다. 우리나라는 냉동참치를 해동시켜서 조리를 하지만, 일본에서는 신선한 참치가 많이 어획되어 참치의 조리법이 다양하게 발전되었다.

참치의 종류에는 참다랑어(혼마구로), 눈다랑어, 황다랑어, 날개다랑어, 가다랑어, 청새치, 황새치, 흑새치, 백새치, 돛새치 등이 있다. 최고급 참치는 참다랑어이며, 우리가 흔히 사용하는 가쓰오부시는 가다랑어를 훈연하여 만든 가공식품이다. 참치의 부위별 명칭은 아카미, 오토로, 주토로 등으로 구분된다. 일식조리기능사 실기시험에서는 참치 김초밥에 사용된다.

② 도미(타이)

도미는 흰살생선이지만 담백하고 약간의 기름이 있어서 감칠맛이 좋다. 특히 도미의 경우 도미 머리는 맑은국이나 구이용으로, 도미 뼈는 다시용으로, 도미살은 회나 초밥의 재료로 사용되고, 도미 아가미살은 구이나 조림으로 적당하다. 일식조리기능사 실기시험에서는 도미 머리 맑은국, 도미냄비, 도미술찜, 도미조림, 생선모둠회, 생선초밥에 사용된다.

③ 광어(히라메)

광어는 가자미와 비슷하지만 '좌광우도'라고 하여 생선의 내장 쪽이 앞쪽으로 오게 한 상태에서 머리가 왼쪽으로 있으면 광어이고, 우측으로 있으면 도다리(넙치, 가자미)라고 칭한다.

자연산과 양식의 구분은 자연산은 배 쪽이 하얗고, 양식은 군데군데 검은 점이 있다. 일식조리기능사 실기시험에서는 광어 대신에 냉동가자미가 사용된다.

④ 삼치(사와라)

흰살생선이면서도 지방의 함량이 많은 편이다. 가을과 겨울이 제철이며 소금구이에 적당하다. 일식조리기능사 실기시험에서는 삼치소금구이로 출제된다.

⑤ 복어(후구)

복어는 맹독성의 생선으로 손질 시 유독 부위를 제거하고 손질하는 데 전문성을 요한다. 복어조리기능사 자격증을 반드시 취득한 전문조리사만이 영업행위를 할 수 있도록「식품위생법」에서 규정하고 있다. 복어는 고단백질의 고급어종으로 한국, 일본, 중국에서 식재료로 많이 사용하고 있다. 복어의 독은 신경독으로, 의학적으로는 마취제나 진통제로도 사용되고 있다. 시중에서 유통되는 복어는 참복, 까치복, 밀복, 은복(검밀복, 흰밀복), 원양황복이 대부분을 차지하고 있다.

⑥ 문어(타코)

문어는 타우린 함량이 높고 고단백 저지방 식품으로 인체의 혈액순환에 도움을 준다. 문어는 삶을 때 물 1,800cc와 소금 10g, 녹차잎(팬에 볶아서) 5g을 넣는다. 일식조리기능사에서는 대부분 자숙문어라고 하여 미리 삶아서 냉동시킨 제품이 지급되므로, 시험장에서는 끓는 물에 3초 정도만 넣었다가 바로 찬물에 건지면 된다. 너무 오래 삶으면 질기고 맛이 없다.

⑦ 해삼(나마코)

해삼은 색상에 따라서 홍해삼과 청해삼으로 구분하며, 바다의 산삼이라 할 정도로 영양성분이 우수한 식재료이다. 해삼은 가공상태에 따라서 건해삼, 냉동해삼, 생해삼으로 구분되는데, 일식조리기능사 시험에서는 시험장에 따라서 냉동해삼을 해동시켜 지급되든지 아니면 생해삼이 지급된다.

⑧ 새우(에비)

새우는 해로(海老)라고도 하는데 '바다의 노인'이라는 뜻이다. 새우의 모양새가 등이 굽은 노인을 닮았다고 해서 그러한 별칭이 생겼다. 새우는 고단백 저지방의 우수한 식재료이며 자연산보다는 동남아시아 지역에서 많은 양의 새우가 양식되고 있다. 특히, 일식조리기능사 실기시험에 자주 지급되는 식재료이다. 따라서, 새우 손질법에 익숙해야 한다.

⑨ 대합(하마구리)

대합은 소합, 중합, 대합의 3가지 중에서 크기나 맛이 가장 우수하고 예전에는 임금님께 진상되었던 고급 식재료이다. 일식조리기능사에서는 조개맑은국, 대합술찜 등에 지급된다. 요즘은 대합이 유통되지 않아 시험장에 따라서 떡조개 또는 개조개가 지급되는데, 맛과 질감이 훨씬 못 미치는 식재료이다.

2. 채소류

① 무순(가이와리)

떡잎채소로 주로 참치매장에서 많이 사용된다. 약간의 쌉쌀한 맛이 있어 샐러드 초회 및 생선회 곁들임에 입맛을 돋우는 데 사용하고 장식으로도 많이 사용된다.

② 시소

일본식 깻잎으로 이해하면 좋다. 주로 사시미에 곁들임으로 사용된다. 일식조리기능사 실기시험에서는 깻잎으로 대체되어 지급된다.

③ 오이(규리)

오이는 차가운 음식으로 몸의 열을 내리는 데 도움이 된다. 상큼한 향 때문에 일본요리에 자주 사용된다. 오이의 양쪽 끝은 쓴맛이 있으므로 1.5cm 정도씩 잘라내어 버리고 사용하는 것이 좋다. 일식조리기능사 실기시험에서는 장식용 또는 초회용으로 사용된다.

④ 당근(닌징)

비타민A의 공급원이며 붉은색을 내는 용도로 많이 사용된다. 일식조리기능사 실기시험에서는 매화꽃이라는 장식용으로 많이 사용된다.

⑤ 쑥갓(슌기쿠)

독특한 향과 색상을 가지고 있으며 일식조리기능사 실기시험에서는 냄비요리와 샐러드에 사용된다.

⑥ 미나리(세리)

독특한 향과 맛이 있고 입맛을 살려 주며 몸의 해독작용을 도와준다. 일식조리기능사 실기시험에서는 복요리 및 각종 냄비요리에 사용된다.

⑦ 양파(다마네기)

피를 맑게 해주는 데 특효가 있으며 일식조리기능사 실기시험의 전골냄비 및 덮밥 등에 사용된다.

⑧ 죽순(다케노고)

대나무의 순을 채집하여 통조림으로 가공한 것으로, 매년 4월 말에서 5월 중순까지 싱싱한 생죽순을 접할 수 있다. 죽순은 특유의 아린 맛이 있어서 죽순 사이사이의 석회질을 제거하고 끓는물에 데쳐서 사용하는 것이 좋다. 일식조리기능사 실기시험에서는 맑은국이나 냄비요리에 사용된다.

⑨ 연근(렌콘)

연의 뿌리줄기를 지칭하며 녹말과 당질이 주성분이다. 연근은 탈피 시 갈변이 심하게 진행되므로, 바로 식초물에 담가 갈변을 최대한 억제해야 한다.

⑩ 우엉(고보)

우엉은 특유의 향과 맛으로 인해서 전골냄비 및 조림에 많이 사용된다. 우엉은 탈피 시 갈변이 심하게 진행되므로 바로 식초 물에 담가서 갈변을 최대한 억제해야 한다. 특히 일식조리기능사 실기시험의 전골냄비에서는 갈변에 특히 유의해야 한다.

⑪ 레몬

레몬은 신맛을 내는 식재료로 일식조리기능사 실기시험에서는 맑은국이나 달걀찜에 사용된다. 특히 레몬껍질에 3개 또는 5개의 오리발을 능숙하게 뜨는 과정을 중요시한다.

⑫ 표고버섯(시이타케)

'1송이, 2능이, 3표고'라고 하듯이, 버섯 중에서 우수한 맛과 향, 영양성분을 함유하고 있다. 표고버섯은 물에 씻지 않고 마른행주로 털어서 사용하며, 일식조리기능사 실기시험에서는 표고 등쪽에 4번의 칼집을 능숙하게 넣는 기술을 중점으로 한다. 또한 가끔씩 건표고가 나올 경우가 있는데, 이럴 경우 미지근한 물에 불려서 사용하고 그 불린 물은 다시(육수)로 사용한다.

⑬ 팽이버섯(에노키타케)

팽나무에서 자생하며 부드럽고 저렴하게 구입할 수 있는 식자재이다. 일식조리기능사 실기시험에서는 냄비요리에 주로 사용된다.

3. 건어물

① 다시마(콘부)

다시마는 녹갈색을 띠며 표면에 흰 분말이 많이 묻어 있는 것이 좋다. 글루타민산, 아미노산의 결정체이며, 소화기관 중에서 특히 장에 유익한 물질이 많다. 다시마의 품종 또한 여러 가지가 있으며 일식조리기능사 실기시험에서는 다시에 많이 사용된다.

② 가다랑어포(가쓰오부시)

가다랑어 살을 쪄서 말려 훈연한 제품으로, 대부분 시중에서는 얇게 깎아서 유통되고 있다. 다시(국물) 내기와 된장국, 각종 소스류에 사용된다.

4. 조미료와 향신료

① 설탕(사토우)

요리에 꼭 필요한 감미료로 사탕수수, 사탕무를 원료로 한다. 설탕은 음식의 보존성을 높여 주고 생선이나 육류의 연육에도 관여한다.

② 소금(시오)

요리 맛의 근원이며 인류가 사용한 조미료 중에서 가장 오래되었다. 그 외 삼투압에 의한 탈수작용, 미생물의 번식 억제, 변질 억제, 단백질 응고에 관여한다.

③ 간장(쇼유)

간장은 색깔, 맛, 향기를 중요시하며, 대두를 사용한 것으로 주로 쌀, 콩 등을 발효시켜 소금을 배합한 것이다. 일식 간장은 진한 간장(코이쿠지쇼유; 한식의 진간장), 연한 간장(우스쿠지쇼유; 한식의 국간장), 다마리 간장(한식의 조림간장) 등이 있다.

④ 식초(스)

식초는 음식의 신맛과 더불어 음식의 살균작용, 위의 소화액 분비를 촉진하여 소화를 용이하게 하고 음식물의 변질을 억제한다.

⑤ 된장(미소)

한국 된장과는 다르게 일본 된장은 제조과정 중에 발효시키지 않아 맛이 깊지 않고 담백하며 부드러운 향이 난다. 적된장(아카미소), 백된장(히로미소)으로 구분되며 국물요리에 오랫동안 끓일 경우 떫은 맛과 텁텁한 맛이 날 수 있으므로 조리에 주의를 기울여야 한다.

⑥ 화학조미료(L-글루타민산나트륨, 향미증진제)

다시마, 가다랑어포, 버섯 등이 맛난 맛에 존재하는 것을 사탕수수와 옥수수를 발효하여 만든 제품이다. 음식의 맛을 보니 무언가 허전하고 부족한 느낌이 들 때에 조금만 넣어 완벽한 맛을 내는 데 사용된다. '미원'은 음식의 전체적인 맛의 조화를 이끌어내는 역할을 한다. 조미료는 세계보건기구(WHO), 세계식량농업기구(FAO)에서 섭취량 제한을 둘 필요가 없으며, 특히 미국 식품의약국(FDA)에서는 소금, 후추, 식초 등과 같이 일반적으로 안전한 물질로 분류하고 있다.

⑦ 미림(미링)

알코올에 단맛을 추가한 농후한 조리술로 청주에 누룩과 찐 찹쌀을 혼합한 것이다. 조리 시 음식에 윤기를 돌게 하고 감칠맛을 증대하며 잡냄새를 제거하는 데 주로 사용한다. 알코올 도수는 11%이다.

⑧ 청주(세이슈)

조리 시에 잡냄새를 제거하고 감칠맛과 풍미를 더해준다. 알코올 도수는 11%이다.

⑨ 고추냉이(와사비)

매운맛과 단맛을 가지고 있는 식자재로서, 고추냉이는 뿌리에 매운맛이 강하므로 뿌리를 갈아 사용하고 생선의 비린내를 제거하며 살균작용과 소화액 분비를 촉진시켜준다.

⑩ 겨자(카라시)

떫은맛이 강하므로 떫은맛을 제거하고 사용한다. 분말을 40℃의 온도에서 개어 발효시킨 뒤 사용하는 것이 좋다.

⑪ 생강(쇼가)

일본요리에 폭넓게 사용되는 식재료로 생선요리에 곁들인다. 살균력이 강하고 소화를 도와준다.

08 일본요리의 채소썰기 이해

① 무갱

무갱은 일식조리기능사 실기메뉴 중 생선모둠회에 나오는 조리법이다. 무를 왼손에 쥐고 오른손은 사시미칼로 무의 겉면을 돌려 깎으면서 가늘고 길게 채를 써는 기술이다. 무갱을 할

때 양손의 엄지가 서로 마주보게 잡고 눈은 위쪽을 주시하며 오른손 엄지의 감촉을 동시에 살피면서 최대한 길게 돌려깎기 하는 것이 포인트다.

② 오이왕관

오이왕관은 일식조리기능사 실기메뉴 중 생선모둠회에 나오는 조리법이다. 오이를 5cm

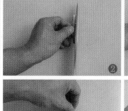

길이로 자른 후 반을 갈라서 도마에 놓고 끝이 0.5cm가 남도록 하며 0.2cm 간격으로 4번의 칼집을 넣어 잎이 5개 생기도록 한다. 우선 모양

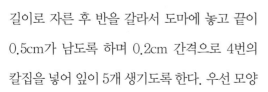

낸 오이를 소금물에 살짝 절인 후 2번과 4번을 3번 방향으로 꺾어서 찬물에 담가 둔다.

③ 오이소나무

오이왕관은 일식조리기능사 실기메뉴 중 생선모둠회에 나오는 조리법이다. 오이를 7cm 정도로 잘라서 반을 가른 후 도마에 놓고 세로로 촘촘히 깊이 0.3cm 정도로 칼집을 일정하게 넣는다. 오이를 90° 방향으로 돌리고, 사시미칼로 밀고 당기는 방식으로 썰어서 소나무잎을 4개 만들어 완성한다.

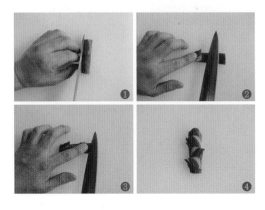

④ 당근나비

당근나비는 일식조리기능사 실기메뉴 중 생선모둠회에 나오는 조리법이다. 당근을 동그랗게 두께 2cm 크기로 자른다. 둥근 당근에서 1/3 부분을 잘라버리고 잘린 단면이 밑으로 오게 하며 위에서 아래로 최대한 얇게 저미서 끝이 0.2cm 정도 남도록 하고 하나를 더 저미서 날개 2개를 만든다. 앞쪽에 지느러미를 완성하고 바로 뒤에 반대로 칼집을 넣어서 나비가 펼쳐지도록 한다.

⑤ 당근매화꽃

당근을 지름 4cm 크기로 토막을 낸 뒤에 5각형으로 다듬어 준비한다. 5각형의 각 면의 중간에 0.5cm 정도 세로로 칼집을 넣은 후 각진 부분에서 정중앙에 칼집을 넣은 부분으로 타원형

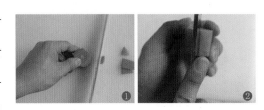

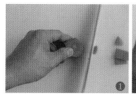  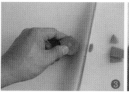 

으로 칼집을 넣어서 깎아버린다. 둥글게 다듬어진 각각의 잎무늬의 1/3 정도 지점에서 끝까지 비스듬히 칼로 도려내어 매화꽃의 입체감을 살려낸다. 끓는 물에 소금을 넣고 데쳐서 찬물에 헹군 후 1.5cm 정도의 두께로 썰어서 완성한다.

⑥ 오이자바라

오이자바라는 일식조리기능사 실기메뉴 중 문어초회, 해삼초회에 나오는 조리법이다. 오이를 7cm 정도로 통으로 썰고, 껍질 쪽을 살짝 다듬어 칼을 45° 어슷하게 기울이고, 칼끝을 도마

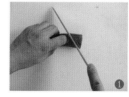 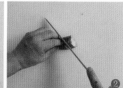 

에 고정시키며 칼의 뒷부분을 내려서 밑에 0.7cm만 남도록 오른쪽에서 왼쪽으로 썰어 나간다. 다음으로 오이를 앞으로 180° 돌려서 처음과 똑같은 자세와 위치에서 다시 칼집을 넣어준다.

⑦ 무은행잎

무은행잎은 일식조리기능사 실기메뉴 중 냄비요리와 술찜요리에 빈번히 나오는 조리법이다. 두께 3cm의 반원형 무를 부채꼴 모양으로 2등분하여 자른 후 정중앙에 깊이 1cm 정도로 칼집을 세로로 넣는다. 양쪽 끝부분에서 정중앙으로 타원형을 그리면서 도려낸다. 끓는 물에 데쳐 내어 찬물에 충분히 식힌 후 1cm 간격으로 3등분하여 완성한다.

⑧ 무초담금

무초담금은 일식조리기능사 실기메뉴 중 삼
치소금구이에 나오는 조리법이다. 무를 두께
2cm 정도로 자른 후 밑을 0.5cm 정도 남겨두고
십자모양으로 아주 곱고 촘촘히 칼집을 넣는다.
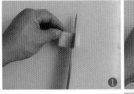
소금, 식초, 설탕물에 뒤집어서 절인 후 사방 1.2cm로 썰어 칼집을 넣
은 부분들이 활짝 펼쳐지도록 하여 4개를 완성한다.

⑨ 우엉사사가키

우엉사사가키는 일식조리기능사 실기메뉴 중
전골냄비(스키야키)에 나오는 조리법이다. 우엉
의 껍질을 칼등으로 제거한 뒤 찬물에 담근 후
우엉 표면에 촘촘히 0.3cm 정도 깊이로 칼집을
넣는다. 우엉의 끝을 쇠젓가락으로 고정한 뒤
비스듬하게 세워 사시미칼로 밀어가면서 썰어
바로 찬물에 담가 갈변현상을 최대한 억제한다.
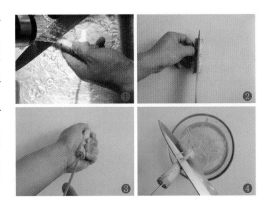

09 회석요리의 이해

회석요리는 가이세키요리라고도 하는데, 일본식 연회요리를 의미한다. 일본도 예전에는 우리나라의 반상처럼 요리 전부를 한 번에 제공하는 것이 보통이었는데, 최근에는 순서대로 음식을 제공하는 방법을 주로 사용한다. 회석요리는 귀빈을 접대할 때 술을 즐기기 위한 요리로 주연요리라고도 한다.

회석요리의 특징은 계절감을 잘 표현하고 고객의 기호와 스타일을 최대한 존중해 주는 메뉴로 구성한다는 점이다. 회석요리의 순서는 진미, 전채, 맑은국, 생선회, 구이요리, 조림요리, 튀김요리, 초회요리, 식사, 과일의 순서로 제공된다.

진미(사키즈케)는 제일 먼저 내는 간단한 술안주를 의미하며 담백하고 양이 적은 것이 특징이다. 전채는 서양의 애피타이저 개념으로 입맛을 돋우는 용도로 사용되며, 양을 적게 하고 담백하며 계절감을 살려서 연출한다. 맑은국은 생선회를 먹기 전에 지금까지 먹었던 음식의 뒷맛을 없애는 것이 주목적이며, 아주 담백하며 간이 상당히 엷은 것이 특징이다. 생선회는 가이세키요리의 백미로 일본요리의 대표라 할 수 있다. 계절에 알맞은 생선과 채소를 곁들여서 먹는다. 구이요리는 건열조리법으로 직·간접적인 방법으로 다양한 식자재를 이용해서 조리한다.

구운 음식은 식기 전에 고객에게 서브해야 되는데, 식은 경우 질감이 좋지 않아 음식의 맛을 제대로 연출하기 어렵기 때문이다. 조림요리는 습열조리로서 다시(국물)와 설탕, 청주, 맛술 등으로 맛을 낸다. 조림의 경우 칡 전분이나 기타 전분을 이용하여 색상과 맛과 질감과 음식의 온도를 조절한다.

 튀김요리는 고온의 기름에서 단시간에 조리하는 것으로, 영양소 파괴를 최소화할 수 있는 조리법이다. 튀김의 종류는 스아게, 가라아게, 고로모아게 등이 있다.

 튀김요리는 튀겨낸 뒤 바로 고객에게 서브될 수 있도록 음식의 온도가 무엇보다 중요하다. 초회요리는 새콤달콤한 맛을 연출하는 것으로 청량감과 식욕을 돋우고 입맛을 개운하게 하는 특징이 있다. 튀김요리를 먹고 난 뒤 나오는 이유가 바로 이것 때문이다. 식사는 가이세키요리 마지막에 나오는 것으로, 주로 초밥이나 알밥, 덮밥 등이 나온다. 과일은 계절적인 식재료의 특징을 살리고 가이세키요리 전체적인 조화를 염두에 두고 제공한다.

10 일식조리기능사 실기조리법

1. 달걀말이

❶ 날달걀을 충분히 저어준 뒤, 식힌 다시 물을 부어서 다시 저어준 후 체에 내린다.

❷ 달걀말이 팬을 달군 후 기름종이로 충분히 코팅을 해준다.

❸ 달군팬에 달걀물을 높이 0.3cm가 되도록 부어준 후, 바깥쪽으로 밀어서 말아놓는다.

❹ 다시 달걀물을 높이 0.3cm가 되도록 부어준 뒤, 바깥쪽에 말아진 달걀말이 밑을 들어서 날달걀물이 밑에 스며들도록 해준 다음, 표면에 기포가 생기면 나무젓가락으로 퐁퐁 눌러 기포를 제거하고 달걀물이 2/3 정도 익으면 안쪽으로 나무젓가락을 이용해서 말아준다.

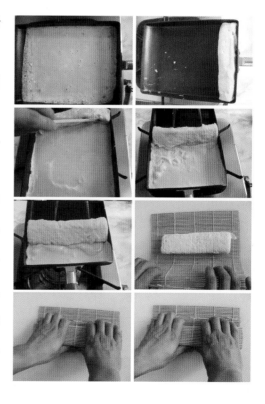

❺ 달걀말이를 다시 바깥쪽으로 밀어 놓고 기름종이로 바닥을 닦아가면서 코팅하고, 다시 달걀물을 붓고 같은 동작을 달걀물을 다 사용할 때까지 한다.

❻ 달걀물을 다 사용한 후 김발 위에 옮겨 놓고 김발로 달걀말이 틀을 잡는다.

2. 후키요세

❶ 냄비에 물 2컵 정도를 끓이면서 날달걀 1개에 소금을 넣고 젓가락으로 충분히 저어준다.

❷ 물이 끓으면 중불로 줄이고 달걀을 원을 그리듯이 천천히 부어준다.

❸ 물속에서 달걀이 응고되는 것을 나무젓가락으로 건드려 보면서 확인 후 불을 끄고 체에 붓는다.

❹ 체에 부은 익은 달걀을 김발에 옮기고 김발 틀에서 굳힌다.

3. 배추말이

❶ 냄비에 물을 끓이면서 배추의 줄기와 잎부분을 자른다.

❷ 끓는 물에 소금을 넣고 난 후 줄기부터 넣고, 30초 정도 지난 후에 잎 부분을 넣는다.

❸ 젓가락으로 배추가 익은 정도를 확인 후 찬물에 담가 둔다.

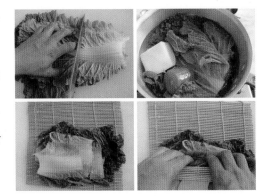

④ 충분히 식은 배추를 김발에 포개어 놓고 돌 돌 말아서 배추말이를 완성한다.

4. 야쿠미

❶ 무는 껍질을 벗겨내고 강판에 갈은 다음 찬 물에 헹구어 수분을 제거한 후 고운 고춧가 루로 버무려 완성한다.

❷ 실파는 0.5cm로 송송 썰어서 찬물에 담가 매운맛을 제거한 뒤 수분제거 후 완성한다.

❸ 레몬은 반달모양으로 두께 0.3cm 크기로 자르고, 가운데 씨를 제거하여 완성한다.

5. 하리쇼가 및 초생강

❶ 칼등으로 생강의 껍질을 벗긴 후 1mm 정 도 굵기로 최대한 가늘게 편을 썬다.(하리 쇼가)

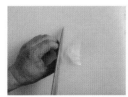

❷ 끓는 물에 편 썬 생강을 넣고 10분 정도 삶 은 후 바로 식초, 설탕, 소금으로 배합한 물에 담가 새콤달콤한 맛을 들인다.(초생강)

6. 다시(국물) 내기

❶ 젖은 면포로 닦은 다시마를 찬물에 30분 정 도 담가 둔 후, 불에 올려 팔팔 끓으면 다시

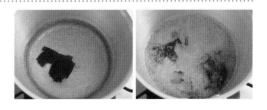

마를 건져내고 식혀둔다. 가쓰오부시가 나올 경우 다시마를 건져내고 바로 가쓰오부시를 담가 20분 정도 맛을 우려낸 뒤 면포에 걸러낸다.

7. 조개 눈 제거

❶ 도마에 행주를 포개어 깔아둔다.

❷ 조개의 눈을 향하여 데바 칼로 위에서 내려썰고, 다시 조개를 뒤집어 위에서 썰어 제거한다.

8. 초밥잡기

❶ 오른손으로 초밥을 엄지, 검지, 중지 손가락으로 잡고 둥글게 모양을 잡는다.

❷ 왼손의 엄지, 검지로 생선을 잡고 오른손의 검지로 와사비를 묻혀서 왼손의 생선 가운데에 바른 후 행주에 닦는다.

❸ 왼손에 생선과 초밥을 올리고 오른손의 검지와 중지를 함께 모아 엄지와 함께 초밥이 원기둥이 되도록 틀을 잡아준다.

❹ 왼손의 생선과 초밥을 180° 뒤집은 후 오른손 검지와 중지손가락을 함께 모아, 생선을 위에서부터 아래로 쓰다듬어 내려가면서 생선과 초밥이 잘 붙어 있도록 한다.

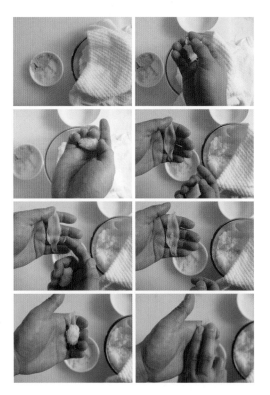

❺ 완성된 초밥은 오른손으로 잡아 접시의 45° 방향으로 비슷하게 담아낸다.

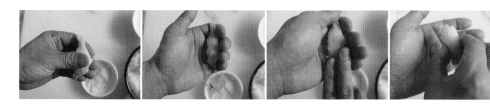

9. 레몬오리발

❶ 왼손의 엄지와 중지로 레몬을 잡고 오른손으로 사시미칼을 잡는다.

❷ 왼손의 위치는 오른쪽 가슴 앞으로 향하게 하고, 처음에 칼집을 넣을 경우 칼을 45° 오른쪽으로 틀어 칼집을 레몬껍질에 밀어서 꽂아 넣는다. 바로 이어서 칼을 60°정도 위로 세우면서 원위치로 끌어당기듯 베어 온다. 다음으로 칼의 방향을 약간 틀어 다시 세워서 꽂은 후 당기듯 베어 온다.

❸ 위와 같은 동작을 반복하여 완성품이 부채꼴 모양의 레몬껍질에 5개의 발가락을 만들어 오리발을 완성한다.

10. 와사비 개기

❶ 와사비를 1/2 정도 남겨두고, 사용하는 와사비 분량과 동일한 물을 넣고 걸쭉하게 저어준다.

❷ 개어놓은 와사비는 매운맛이 감해지지 않도록 그릇을 뒤집어 놓거나 위에 밀봉을 해서 보관한다.

❸ 와사비의 용도에 따라 나뭇잎 모양을 내어서 완성한다.

복어 조리실무 이해

제2부

01 복어의 이해

  복어를 중국에서는 '하돈(河豚)'이라고 부른다. 돼지를 뜻하는 '돈(豚)' 자가 들어간 것을 두고 생김새가 돼지와 비슷해서라는 설이 있다. 하지만 그보다는 중국에서 제일 맛있는 요리로 치는 것이 돼지이기 때문에 '맛있다'는 의미에서 '돈'자를 붙였을 것이란 설이 더욱 유력하게 받아들여지고 있다.

  '하(河)' 자를 붙인 것은 우리나라나 일본산 복어가 바다에서 서식하는 것과 달리, 중국에서는 복어가 하천(河川)에 살기 때문이다. 중국 북송 때의 시인 소동파는 복어를 '천계의 옥찬'이라고 부르며 '사람이 한 번 죽는 것과 맞먹는 맛', '그 맛, 죽음과도 바꿀만 한 가치가 있다.' 라고 극찬을 아끼지 않았다고 한다.

  그러나 복어는 뛰어난 맛만큼이나 위험한 음식이다. 복어가 지닌 '테트로도톡신'이란 독은 청산가리의 1,000배에 이르는 맹독으로 한 마리가 가진 양으로 성인 33명의 생명을 빼앗을 수 있다. 이는 300℃ 고온에서도 분해되지 않으며 어떤 조미료에 절여도 없어지지 않을 만큼 독성이 강하다. 이러한 독은 복어의 난소와 간, 피부, 내장 등 특정 장기 부위에 많지만, 사람들이 주로 먹는 살과 근육에는 적은 편이다. 하지만 이 독은 물이나 알코올에 강하고 열에도 잘 파괴되지 않기 때문에 요리할 때 각별히 주의해야 한다. 복어를 잘못 먹어 독에 중독되었을 경우, 먼저 입술과 혀끝이 마비되고 구토를 일으키다 점차 온몸의 감각이 둔해지면서 술에 취한 것처럼 비틀거리다가 결국 호흡이 정지되어 사망에 이르게 된다고 한다. 그러나 신기한 것은 양식을 했을 경우

에는 독이 생성되지 않는다는 것이다. 하지만 양식한 복어라도 자연산 복어와 함께 두면 다시 독성을 갖게 된다는데, 최근에는 이것이 복어의 독소를 생산하는 '아르테로모나스'란 세균 때문에 생기는 현상임이 밝혀졌다.

복어는 전 세계적으로 120여 종이 있으며, 우리나라 근해에 16종, 일본과 중국 연안에 40종 정도가 서식하고 있다. 이 중 식용으로 쓰이는 것은 검복, 까치복, 은복, 밀복, 금복, 졸복, 황복, 복섬 등 일부이다. 일반적으로 복어는 살이 찌는 늦가을에서 초봄까지 맛이 좋다고 한다.

우리나라에서는 제주도 근해에서 낚시를 통해 많이 잡힌다. 복어가 '술독'을 푸는 최고의 해장제로 꼽히는 데는 과학적인 근거가 있다. 복어는 인체의 알코올 분해 효소를 활성화시켜 간장 해독작용에 도움을 줄 뿐만 아니라 알코올중독 예방과 숙취제거에도 탁월한 효능을 발휘한다. 또한 콜레스테롤을 감소시키고 고혈압 등 각종 성인병을 예방하는 효능도 포함돼 있어 수술 전후의 환자 회복이나 당뇨병, 신장질환의 식이요법에도 적합한 음식으로 잘 알려져 있다. 이 때문에 복어는 일찍이 『동의보감』에서도 "성질이 따뜻하며 허한 것을 보하고, 몸이 부어있는 상태를 없애며, 허리와 다리의 병을 치료하고, 치질을 낫게 하며, 살충의 효과가 있다."라고 효능을 기술한 바 있다.

복어에는 각종 아미노산, 무기질, 비타민과 함께 다량의 단백질이 함유되어 있고, 이는 무엇보다 알코올 및 아세트알데히드 대사에 관여하는 효소의 활성을 높여 주는 역할을 하여 숙취제거에 탁월하며 체내 콜레스테롤 수치 감소에 효과가 있다는 결과를 얻어냈다.

일본에서는 '복은 먹고 싶고 목숨은 아깝고'라는 속담이 전해 내려오고 있다. 1991년 일본 시모노세키 복어 전문시장에서 자연산 자주복 1㎏이 23만 엔(당시 한화로 131만 원)에 낙찰되어, 일본인들의 복어에 대한 뜨거운 관심을 짐작게 했다. 복어의 담백한 맛의 비밀은 1%에 불과한 낮은 지방량에 있다. 또 건강식으로서의 복어는 지방량의 20% 이상이 동맥경화 등을 예방하는 EPA · DHA 등 불포화지방산이라는 점에 있다.

살을 얇게 저며 낸 회의 쫄깃한 감촉이나 펄펄 끓여 낸 복탕의 시원한 맛은 무엇과도 바꿀 수 없다. 다만 복의 종류에 따라서는 사망에 이르게 할 정도로 맹독성을 갖고 있는 것도 있고, 손질을 제대로 하지 않으면 중독될 위험성도 있어 항상 주의해야 한다. 특히 복어의 종류를 제대로 알지 못한 채 손수 구입해서 요리해 먹는 일은 피해야 한다.

하지만 독성이 없는 복어도 상당수 있다. 보통 식당에서 복회나 복탕에 사용되는 참복과 은복(밀복), 까치복, 황복 등은 무독한 복어로 꼽힌다. 그러나 무독하다고 해도 독이 전혀 없다는 뜻은 아니고, 사람을 숨지게 할 만큼의 강한 독성이 아니라는 것이다. 반면 복섬, 매리복, 국매리복, 흰점복 등은 유독한 복어로 분류된다.

복어는 손질과정에서 손이 많이 가지만, 정작 요리는 간단하게 하는 것이 특징이다. 복어 자체의 담백한 맛을 살려내는 게 복어요리의 포인트이기 때문이다. 복어회는 보통 1~2㎜의 두께로 얇게 썰어낸다. 육질이 탄력 있고 질긴 탓에 두껍게 썰면 씹기 어렵기 때문이다. 저며 낸 복어살을 통해 접시의 그림 모양이 들여다보일 정도의 두께가 가장 적합하다. 복어회에는 보통 가시를 제거한 껍질과 피하조직을 살짝 데쳐서 채를 썰어 곁들이기도 한다.

복어가 독을 지니는 이유는 해양세균들이 생산해 낸 테트로도톡신이 먹이사슬에 의해 복어 체내에 축적되었다고 하는 설이 있다. 좀더 구체적으로 설명하면 테트로도톡신(Tetrodotoxin)이 함유된 갯지렁이나 불가사리 같은 먹이를 먹기 때문인 것으로 알려지고 있다. 또한 복어알에서 자체적으로 독소를 생산해 낸다는 설도 있는데, 최근에는 먹이사슬에 의해서 독소를 축적한다는 설이 점점 실험에 의해서 밝혀지고 있다.

양식한 복어는 독소를 생산하지 않는다고 한다. 그러나 자연산 복어와 같이 키우면 양식복어도 독소를 생산한다고 한다. 자연산 복어의 피부에서 독소를 생산해내는 세균에 감염되어 중독된다고 한다. 검복과 황복을 최고로 치며 그 다음이 까치복과 자주복, 다음으로 밀복, 다음으로 은복(흰밀복, 은밀복)과 원양 황복 순으로 가격대가 정해져 판매되고 있다. 검복과 자주복은 모양이 비슷해 구분하기 어려운데, 가슴지느러미 뒤쪽의 원형 반점에 흰 테두리가 없는 것은 검복, 그 원형 반점에 테두리가 있고 등과 배쪽에 작은 가시가 있는 것은 자주복으로 보면 대개 맞는다.

복어는 밤에 대부분 모래집 바닥에 숨어 휴면을 하므로 밤에 집어 등을 이용하여 낚아 올린다. 이렇게 낚아 올린 복어는 손질을 잘해야 한다. 황복은 4~5월 파주의 임진강 나루터에서 많이 잡히고, 까치복은 삼천포, 제주도 등지에서 많이 잡힌다.

복어 중독의 특징은 경과가 빠르며 일반적으로 치사 시간은 4~6시간으로 8시간 이내에 생사가 결정된다. 그러나 회복이 되면 경과도 빠르며 후유증도 없다. 복어 중독은 복어탕, 찜에 사용한 유해장기(간장)의 섭취에 의해 발생한다. 이를 예방하기 위해서는 복어요리 전문가가 요리한 것을 먹도록 하며 알, 난소, 간, 내장, 껍질 등에 독성이 많아 폐기된 부분을 철저하게 처리하여 다른 사람이 먹고 중독되는 일도 방지하여야 한다.

일본의 후생성은 복어를 식품위생법의 대상으로 규정하여 일본연안, 동해, 황해, 동중국해에서 포획한 것에 한하여 판매·제공이 가능하도록 했으며, 남방해역에서 서식하는 복어류는 근육부분까지도 유독하기 때문에 시장에 출하되지 않도록 했다. 또한 판매와 제공이 가능한 복어의 종류와 섭취 가능 부분을 제한하였다.

02 복어의 종류

자주복(참복)

- **어획시기** : 8~2월(약 8개월)
- **생활습성** : 바닥에서 유영한다.
- **효능** : 담백한 맛으로 복어류 중 가장 맛이 있으며
  비싸다. 어류의 최고급 어종이며 양식이 가능하다.
- **요리** : 주로 활복사시미, 지리, 샤부샤부용으로 사용된다. 우리나라의 복사시미 대다수가 참
  복으로 사용된다.

시험장 Tip 복어조리기능사 실기시험에 가끔 지급되는 어종이다.

검자주복(참복)

- **학명** : 검자주복(참복)
- **분포** : 우리나라 동, 서, 남해, 일본 중부이남, 황해,
  동중국해에 분포하며 양식이 가능하다.
- **서식장** : 바깥바다의 중층이나 저층에 주로 서식하
  며, 내만으로 잘 들어오지 않는다.
- **요리** : 주로 활복사시미, 지리, 샤부샤부용으로 사용된다. 우리나라보다는 일본에서 사용되
  는 고급어종이다.

까치복

- • 어획시기 : 5~12월(약 7개월)
- • 생활습성 : 암초가 있는 중층에서 유영한다.
- • 효능 : 담백한 맛과 강한 색채의 빛깔을 띠며, 국내

  유명 복어식당에서 복수육, 복탕으로 최고의

  인기를 누리고 있는 복어이다. 단, 특유의 냄새가 나며, 양식이 불가능하다.
- • 요리 : 주로 지리나 샤부샤부용으로 사용된다.

시험장 Tip 복어조리산업기사 시험에 지급되는 어종이다.

황점복

- • 학명 : 황점복(황복) Takifugu poecilonotus

  (Temminck e Schlegel)

  참복과 Family Teraodontidae
- • 형태 : 농황색, 농갈색이며 배 부분은 백색이다.
- • 어획시기 : 12월~3월(약 4개월)
- • 분포 : 황해, 한반도의 서남해와 서남해로 흐르는 대형 하천의 하류 및 북한, 중국에 분포한다.

졸복

- • 학명 : 졸복(매리복), ヒガンフ, Fugu pardalis
- • 방언 : 밀복, 노랑복(여수)
- • 어획시기 : 11~3월(약 5개월)
- • 분포 : 우리나라 동, 서, 남해, 일본 홋카이도 이남, 황해, 동중국해
- • 서식장 : 근해의 바닥이 암초지대인 저층에서 주로 서식한다. 서해, 남해 연근해

검복(밀복)

- **방언** : 복장어, 복쟁이, 복어, 참복(경남, 전남)
- **어획시기** : 12~3월(약 4개월)
- **효능** : 연안 채낚이 어선에서 어획되며, 생복으로

  곤(이레)이 특히 많아 국내 소비는 물론 일본

  에서도 선호도가 높은 어종(수출어종)으로 주로 동해안 지역에서 많이 잡힌다.
- **특징** : 껍질에 가시가 없으며, 100% 자연산으로 양식이 불가능하다.
- **요리** : 주로 복지리, 복찜, 샤부샤부용으로 사용된다. 회로는 감칠맛이 부족하다.

시험장 Tip 복어조리기능사 실기시험에 가끔 지급되는 어종이다.

복섬

- **학명** : 복섬 Takifugu niphobles

  (Jordan et Snyder)

  참복과 Family Teraodontidae
- **방언** : 복쟁이, 복어새끼(부산)
- **영명** : Grass puffer
- **일명** : Kusafugu

은밀복(은복)

- **어획시기** : 12~3월(약 4개월)
- **효능** : 복과 같은 종류로 독성이 없으며, 담백한 맛

  과 연한 육질로 복국식당에서 복탕, 생복수

  육으로 인기

- **분포** : 제주 연근해역, 일본, 중국, 대만해역

- **요리** : 고급어종이 아니어서 복해장국이나 저렴한 복요리에 사용된다.

시험장 Tip 복어조리기능사 시험에 자주 지급되는 어종이다.

검은밀복(은복)

- **분포** : 우리나라 남해, 일본 홋카이도 이남, 동중국해, 남중국해, 서태평양, 인도양

- **효능** : 우리나라를 비롯한 동북아 주변에서 잡히는  것은 전혀 독이 없어 복국집에서 가장 많이 이용되고 있다.

- **요리** : 고급어종이 아니어서 복해장국이나 저렴한 복요리에 사용된다.

시험장 Tip 복어조리기능사 시험에 주로 지급되는 어종이다.

03 복어요리의 종류

일본의 어획사에 의하면 돔, 농어 등과 함께 복어 화석이 나왔다고 기록되어 있어, 일본인은 원시시대부터 먹었다고 추정된다고 한다. 그 옛날 나라지방 가시하라진구(1대 천왕 무덤이 있는 곳)에서 운동장 조성공사 현장에서 복어뼈 조각이 출토된 적이 있었고, 복어가 기록에 남은 것은 레이안 시대의 중기와 후지하라시대 중으로 보고 있다. 중국에서는 2,200~2,300년 전의 중국 전국시대에 쓰인 『산해경』이라는 서책의 「북경」에 '적해' 또는 '패패어'라고 기록되어 "이 생선을 먹으면 사람이 죽는다"라고 쓰인 것으로 보아 벌써부터 식용하고 있었던 것으로 추측된다.

우리나라 어장을 돌아보면 옛날 서해안 일대에서 잡은 복어는 잡어로 취급하여 잡는 즉시 바다에 버리거나 그것을 말려서 찜 종류로 많이 먹었다. 특히 우리나라에서 복어는 일본이나 중국에 비해 해안가에서 쉽게 잡아먹을 수 있는 지역어민들의 음식이었다.

따라서 서해안 일대의 강 하구에서 쉽게 잡히는 황복을 먹고 복어 독에 의한 중독사고가 흔하게 있었다. 그러나 조선 말 무렵 일본인에 의해 먹는 방법과 제독방법을 조금씩 배우기 시작하면서 복어요리가 일반인에게 보급되었고, 최근 경제성장과 함께 음식문화의 향상으로 복어요리 전문점과 복어요리를 선호하는 사람들이 늘어났다. 주로 장년층이 즐겨 찾지만 복어의 참맛을 아는 단골손님도 증가하고 있다.

복어는 몸을 따뜻하게 하고 혈액순환에 좋으며 근육의 경화를 부드럽게 하는 작용을 하며, 비타민 B1, B2 등이 풍부하고 전혀 지방이 없어 고혈압, 당뇨병, 신경통 등 성인병 예방에 특별한 효과가 있다. 또한 혈액을 맑게 해 피부를 아름답게 하는 역할을 하는 것으로 알려져 있다. 복어의 독성은 복어의 종류, 내장과 껍질, 고기의 부위 등에 따라 다르다. 또 동일 종류의 복어라도 개체에 따라 독성을 보유하는 빈도가 다르고, 계절적으로도 독성이 변화하는 경우가 있다. 또 지역에 따라 독성의 차가 있을 수도 있으므로 이러한 특징을 숙지해야 한다. 한국 근해 및 일본연안산 복어고기는 식용을 해도 지장이 없다. 일부 어종은 이리, 껍질도 식용한다. 간장과 난소가 무독인 종류도 있지만, 대부분 독성이 강하고 개중에는 치명적인 독성을 나타내는 것도 있다. 어종의 개체에 따라 독성이 다르고 무독인 경우도 있지만, 독성의 유무는 육안으로 전혀 판단할 수 없다. 대개 양식을 한 복어보다는 자연산 복어가 독이 많고 강하다.

미식가들이 복어요리의 최고로 꼽는 것이 바로 복 이리(정소, 곤이)구이다. 수컷에서만 나오는 이리를 소금을 뿌려 살짝 구워내는데, 보통 고춧가루를 넣은 무즙 등과 곁들여 본 요리의 애피타이저로 먹는다. 또한 복탕에 넣어도 맛이 진해진다. 그러나 이리가 생기는 시기는 늦가을부터 2월까지인데다 양도 많지 않아 단골 복요리집에서나 운 좋은 손님들이 맛볼 수 있을 정도다. 이밖에도 복어냄비와 복튀김, 복어초무침, 복어죽 등도 별미로 꼽힌다. 복탕의 경우 고춧가루를 넣고 맵게 끓여낸 복매운탕보다는 맑게 끓여내어 복어의 맛이 그대로 살아있는 복지리를 더 쳐준다. 같은 복지리도 조리방법에 따라 한국식과 일본식으로 나뉜다. 정통 일식집의 복지리와 일반 복요리 식당의 복지리 맛에 차이가 나는 게 바로 이 때문이다.

일반 복요리집에서 내놓는 복지리는 복어 머리를 고아낸 국물에 마늘과 콩나물, 미나리를 듬뿍 넣고 끓여내는데, 이것이 바로 한국식 복지리다. 반면에 일본식 복집에서는 콩나물과 미나리를 넣지 않고 가다랑어(가쓰오부시) 국물로 담백하게 끓여낸다. 끓여내는 방법과 재료가 다른 만큼 한국식과 일본식은 전혀 다른 맛을 낸다. 한국식 복지리가 '깔끔하고 시원한 맛'이 특징이라면, 일본식 복지리는 약간 달착지근한 듯한 '감칠 맛'을 내세운다. 보통 술 마신 다음 날의 속풀이로는 시원하고 깔끔한 맛의 한국식 복지리가 낫다. 그러나 보통 여성들은 일본식 복지리의 감칠맛을 더 즐기는 편이다. 복지리는 한국식이나 일본식 모두 재료 그대로의 맛을 살리기 때문에 무엇보다 복의 선도와 종류에 따라 맛이 크게 좌우된다. 복어의 제철은 늦가을에서 2월까지이며, 유채꽃이 필 무렵에는 산란 때문에 독력이 가장 강해진다고 한다. 따라서 산란기에 특히 주의해야한다. 겨울의 계절요리로 일본의 시모노세키 지방의 복요리 음식점에는 복냄비(뎃지리)의 등잔불을 가게 밖에 걸어놓아 복어의 계절이 왔음을 알린다.

04 복어 제독순서

❶ 복어껍질과 지느러미의 점액질의 수분을 제거한 뒤 등과 배 지느러미를 제거한다.

❷ 날개 지느러미를 양쪽 모두 제거한 후 소금으로 문질러서 점액질을 제거한 뒤 세척 후 말려 놓는다.

❸ 복어의 윗니와 코뼈 사이 공간에 칼집을 넣는다.(찰과상에 주의!)

❹ 복어의 어금니쪽을 양쪽 모두 제거한 뒤 제거한 주둥이 부분을 소금으로 문질러 세척 후 찬물에 담가 둔다.

❺ 머리 옆쪽의 껍질을 뼈와 분리한다.

❻ 날개 지느러미에 왼손 검지를 넣고 엄지로 머리를 누르고 칼날이 위로 오게 한 후 배 껍질과 등 껍질의 경계에 넣어서 꼬리 지느러미까지 칼집을 넣는다.

❼ 칼로 꼬리 지느러미를 누르고 왼손으로 껍질을 몸통에서 분리하듯 잡아당긴다.

❽ 아가미와 머리뼈 사이를 분리한다.

❾ 배쪽에 살과 내장의 경계 부분을 칼로 절개한다.

❿ 왼손으로 아가미쪽을 누르고 칼로 가운데 뼈와 붙어있는 협골의 끝부분을 절단한다.

⓫ 왼손으로 혓바닥을 잡고 칼로 아가미와 머리 부분을 칼로 절개하면서 왼손으로 혓바닥을 왼쪽으로 잡아당긴다.

⓬ 몸통과 내장을 분리한다.

⓭ 머리와 몸통을 절단한다.

⓮ 안구가 터지지 않도록 돌려서 제거한다.

⓯ 머리를 반으로 쪼갠 후 골수와 신장 장기를 철저히 제거하고, 아가미가 있던 부분의 핏덩어리와 남은 아가미 등을 긁어내어 제거한 후 찬물에 헹궈 볼에 담가 둔다.

⓰ 몸통의 배꼽살을 제거한 후 볼에 담가 둔다.

⓱ 몸통의 살을 가운데 뼈를 중심으로 세장 포뜨기한다.

⓲ 가운데 뼈의 핏덩어리를 제거하기 위해서 잔칼집을 촘촘히 넣어준다.(핵심사항!)

⓳ 가운데 뼈를 길이 5cm로 절단한 후 찬물에 헹궈 볼에 담가 둔다.

⓴ 세장 포뜨기한 복어살의 내장 쪽 부위 살점을 곡선을 그리듯이 칼로 베어낸다.

㉑ 반대편 쪽 찢어지는 살을 다듬어 제거한다.

㉒ 복어살 껍질 쪽의 속껍질도 얇게 포를 떠서 볼에 담가 둔다.

㉓ 복어살을 두께 0.5cm 정도로 포를 뜬다.

㉔ 손질한 횟감을 수분제거하기 위해 해동지에 감싸둔다.

㉕ 협골의 뼈를 잡고 칼로 점막을 절단한다.

㉖ 칼로 점막을 누르고 왼손으로 협골을 위로 들어올린다.

㉗ 협골과 아가미, 신장 쪽에 붙어 있는 점막을 칼로 그어가면서 절개한다.

㉘ 양쪽 협골을 동일한 방법으로 손질한다.

㉙ 왼손으로 아가미 끝을 잡고 칼로 혓바닥과 아가미 끝을 자른다.

㉚ 칼로 혓바닥을 누르고 아가미를 들어올린다.

㉛ 아가미를 내장과 협골이 분리되도록 끝까지 잡아당긴다.

㉜ 혓바닥의 중간을 절개한 뒤 점막을 제거하고 세척한 후 볼의 물을 갈아준 뒤 넣어준다.

㉝ 껍질을 등쪽과 배쪽으로 분리한다.

㉞ 배껍질 안쪽의 속점막에 칼집을 살짝 넣는다.(깊게 넣으면 껍질이 잘릴 수 있다!)

㉟ 껍질 안쪽의 속점막을 꼬리 쪽에서 머리 쪽으로 긁어서 제거한다. 등껍질도 동일한 방법으로 한다.(흰밀복, 검은밀복으로도 불리는 은복은 속점막 제거가 상당히 어렵다!)

㊱ 도마의 왼쪽에 껍질을 고정하고 사시미칼로 가시를 제거한다.(밀복은 껍질에 가시가 없고, 원양황복은 배쪽 껍질에 미세한 가시가 있다!)

㊲ 길이 7.5cm, 폭 2.5cm 정도로 칼을 횟감 위에 올려놓는다.

㊳ 왼손 검지로 칼날 끝부분에 살며시 올려두고 오른손으로 칼을 베어 썰듯이 최대한 얇게 신속히 당겨준다. 그리고 왼손으로 접시를 시계방향으로 돌리고 횟감을 왼손 엄지와 검지로 잡고 12시 방향에 놓은 뒤 칼등을 횟감 중간 우측에서 밑으로 내려오게 내리면서 왼손엄지와 검지로 복어회 좌측을 약간 세워주면서 얇게 회를 뜬다.(우스즈쿠리)

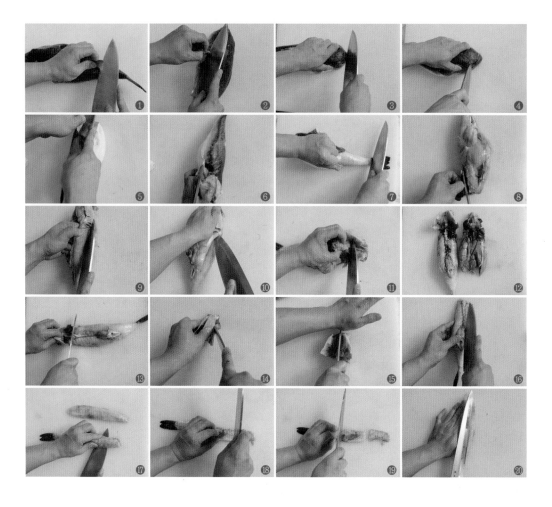

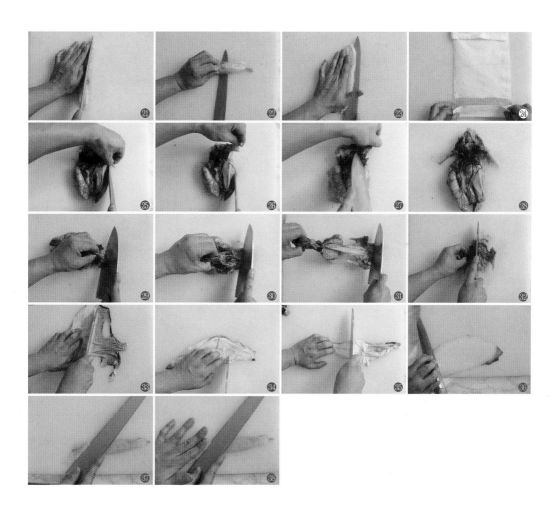

NCS 일식 조리 학습모듈

제3부

일식조리기능사 실기시험 볼 때 이것만은 꼭 기억하자!

1. 생선 및 가금류의 손질 시 뼈가 붙어 있는 경우는 반드시 데바칼을 사용한다.

2. 채소 및 생선을 썰 때는 사시미칼을 이용한다.(단, 별도의 채소칼을 지참할 경우 채소는 채소칼로, 생선살은 사시미칼을 사용한다)

3. 데바칼이나 사시미칼을 잡을 때 칼자루의 앞부분이 보이지 않을 정도로 가깝게 쥐고, 단단한 식재료를 썰 때는 검지손가락을 구부린 상태에서 썰고, 회나 채소 등 부드러운 식재료를 썰 때는 검지손가락을 칼등 위에 올려놓아 지그시 누르면서 칼질을 한다. 칼에 무리한 힘을 가하거나 칼을 잡는 자세가 부정확하면 감점 요인이 된다.

4. 사시미칼이나 데바칼을 잠시 사용하지 않는 경우, 칼을 도마와 수평이 되도록 앞쪽에 보관한다.

5. 일식조리기능사에서는 밥이 식지 않도록 항상 면포(거즈)를 물에 적신 후 꼭 짜서 덮어 놓는다.

6. 도미가 지급되는 경우, 도미를 먼저 손질하여 소금을 뿌려 놓는다.

7. 조개가 지급될 경우, 항상 옅은 소금물에 담가 둔다.

8. 다시마가 지급되면 시험시작 전에 미리 냄비에 찬물과 다시마를 담가서 미리 다시마를 불려 놓는다.

9. 튀김이나 구이요리의 경우, 곁들여지는 부재료와 장식을 모두 완성접시에 세팅을 해놓고 시행한다. 미리 조리되면 튀김의 경우 눅눅해지고 구이는 비린내가 날 수 있다.

10. 일식은 생선이 지급되는 경우가 많으므로 청결에 더더욱 신경을 써야 한다.

11. 평소에 레몬오리발연습, 당근매화연습, 무은행잎연습, 오이왕관연습, 오이칼집넣기(자바라규리), 당근나비연습, 오이소나무연습, 생강 가늘게 채썰기연습, 생강 얇게 편썰기연습, 무갱연습을 중점으로 하여 채점위원들의 세심한 채점기준에 부합될 수 있도록 한다.

12. 일식조리기능사의 조리작품은 전체적인 색상의 조화 및 균형과 음식의 볼륨이 중요하므로 이 점에 유의한다. 지급된 식재료의 전처리 및 손질은 모두 해야 하지만, 완성접시에 담아낼 때는 전체적인 균형감을 고려하여 담아내는 주재료와 부재료, 양념의 가감을 적절히 한다.

13. 쑥갓은 변색이 되지 않도록 음식의 온도를 파악하여 쑥갓을 얹는다.

14. 팽이버섯과 생표고는 물에 씻지 않으며 부드러운 면포(거즈)나 키친타월로 먼지나 이물질을 털어낸다.

15. 일식조리기능사 실기시험에서 식재료 지급목록 중에 고춧가루가 있다면 아카오리시와 레몬, 실파를 이용해서 야쿠미를 만들어야 한다. 또한 폰즈도 함께 곁들여 낸다.

일식조리기능사 양념장 정리

배합초(김초밥, 참치 김초밥, 생선초밥)	식초 3큰술, 설탕 2큰술, 소금 1큰술
박고지 양념장(김초밥)	물 4큰술, 간장 1큰술, 맛술(미림) 1작은술, 설탕 1큰술
달걀말이 양념비율(김초밥)	달걀 2개, 물 1.5큰술, 소금 1/2작은술, 맛술(미림) 1작은술, 설탕 2/3작은술
달걀말이 양념비율(달걀말이)	달걀 6개, 가쓰오다시 4큰술, 설탕 1큰술, 소금 1작은술, 맛술(미림) 1큰술
핫포다시(달걀찜)	달걀 1개, 가쓰오다시 1컵, 청주 2/3큰술, 맛술(미림) 2/3큰술 소금 약간
도사스(문어초회)	가쓰오다시 3큰술, 간장 1/3작은술, 설탕 1큰술, 식초 1큰술
양념초(폰즈)	다시 1큰술, 간장 1큰술, 식초 1큰술
우엉조림(삼치소금구이)	다시물 4큰술, 간장 2큰술, 설탕 1큰술, 맛술(미림) 2작은술
무 국화꽃 단촛물(삼치소금구이)	물 2큰술, 식초 2큰술, 설탕 1큰술, 소금 1/2작은술
맑은국 양념비율(도미 머리 맑은국, 대합 맑은국)	다시물 2컵, 국간장(진간장) 1/2작은술, 청주 1작은술, 소금 1/3 작은술
술찜다시(도미술찜)	다시물 1큰술, 청주 3큰술, 소금 1/2작은술
초밥손물(김초밥, 생선초밥, 참치 김초밥)	배합초(식초 3큰술, 설탕 2큰술, 소금 1큰술)
양념간장(데리소스)	청주 1/4컵, 간장 1/4컵, 설탕 3큰술, 맛술(미림) 1/4컵, 다시물 1/2컵-졸여서 1/3컵
덮밥다시(돈부리다시)	가쓰오다시 1/2컵, 간장 1큰술, 맛술(미림) 1큰술, 설탕 1/2큰술
도미조림장(도미조림)	다시국물 1컵, 맛술(미림) 3큰술, 설탕 3큰술, 간장 3큰술

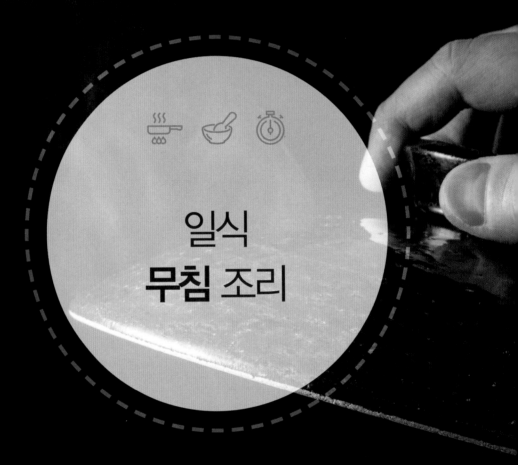

일식
무침 조리

학습내용	평가항목	성취수준		
		상	중	하
무침 재료 준비	식재료를 기초 손질할 수 있다.			
	무침 양념을 준비할 수 있다.			
	곁들임 재료를 준비할 수 있다.			
무침 조리	식재료를 전처리할 수 있다.			
	무침 양념을 만들 수 있다.			
	식재료와 무침 양념을 용도에 맞게 무쳐 낼 수 있다.			
무침 완성	용도에 맞는 기물을 선택할 수 있다.			
	제공 직전에 무쳐 낼 수 있다.			
	색상에 맞게 담아낼 수 있다.			

 학습자 결과물

갑오징어 명란무침 (いかのさくらあえ | 이카노 사쿠라아에)

요구사항

※ 주어진 재료를 사용하여 다음과 같이 갑오징어 명란무침을 만드시오.

㉮ 명란젓은 껍질을 제거하고 알만 사용하시오.

㉯ 갑오징어는 속껍질을 제거하여 사용하시오.

㉰ 갑오징어를 소금물에 데쳐 0.3cm×0.3cm×5cm 크기로 썰어 사용하시오.

 지급재료 • • •

- 갑오징어 몸살 70g
- 명란젓 40g
- 무순 10g
- 소금(정제염) 10g
- 청차조기잎(시소, 깻잎 으로 대체 가능) 1장

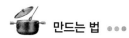 **만드는 법** ● ● ●

❶ 청차조기잎과 무순은 손질하여 물에 담근다.

❷ 갑오징어는 껍질과 안쪽의 속껍질, 주변의 막을 제거한 후 소금물에 데쳐 얇
  게 포를 떠서 0.3cm 정도로 가늘게 채를 썬다.

❸ 명란젓은 껍질을 칼로 반 갈라 칼등으로 알만 긁어낸다.

❹ 갑오징어를 명란에 고루 묻게 잘 버무려 낸다.

❺ 오목한 그릇에 청차조기잎을 깔고 명란무침을 소복이 담고 무순을 장식한다.

 **핵심
요약** --

• 갑오징어는 잘 손질하여 얇은 속껍질도 제거한다.

• 물의 온도가 높으면 갑오징어가 익어서 하얗게 변하니 온도에 주의하도록
  한다.

• 갑오징어를 데치고 난 후 찬물에 헹구지 않는다.

• 양념(갑오징어 : 명란젓 = 2 : 1)

 **ME
MO** --

일식
국물 조리

학습내용	평가항목	성취수준		
		상	중	하
국물 요리용 재료 준비	주재료를 손질하고 다듬을 수 있다.			
	부재료를 손질할 수 있다.			
	향미 재료를 손질할 수 있다.			
맛국물 조리	물의 온도에 따라 국물 재료를 넣는 시점을 조절할 수 있다.			
	국물 재료의 종류에 따라 불의 세기를 조절할 수 있다.			
	국물 재료의 종류에 따라 우려내는 시간을 조절할 수 있다.			
국물 요리 조리하여 완성	맛국물을 조리할 수 있다.			
	주재료와 부재료를 조리할 수 있다.			
	향미 재료를 첨가하여 국물 요리를 완성할 수 있다.			

 학습자 결과물

된장국 (みそしる | 미소시루)

시험시간 20분

요구사항

※ 주어진 재료를 사용하여 다음과 같이 된장국을 만드시오.

㉮ 다시마와 가다랑어포(가쓰오부시)로 가다랑어 국물(가쓰오다시)을 만드시오.

㉯ 1cm×1cm×1cm로 썬 두부와 미역은 데쳐 사용하시오.

㉰ 된장을 풀어 한소끔 끓여내시오.

🍲 지급재료 ●●●

- 일본된장 40g
- 건다시마(5cm×10cm) 1장
- 판두부 20g
- 실파(1뿌리) 20g
- 산초가루 1g
- 가다랑어포(가쓰오부시) 5g
- 건미역 5g
- 청주 20㎖

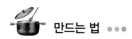 **만드는 법** •••

❶ 다시마는 젖은 면포로 닦아서 찬물 3컵을 넣고, 중불에서 물이 끓으면 다시마는 건져내고, 가다랑어포(가쓰오부시)를 넣고 불을 끄고 5분 정도 두었다가 면포에 걸러 가쓰오다시 물을 준비한다.

❷ 건미역은 찬물에 불려서 미역줄기를 제외하고 1cm×1cm×1cm 크기로 썰어, 끓는 물에 미역을 살짝 데쳐 놓는다.

❸ 두부도 1cm×1cm×1cm 크기로 썰어 끓는 물에 데쳐 놓는다.

❹ 실파는 0.5cm 크기로 송송 썰어 찬물에 헹구어 매운맛을 제거한다.

❺ 냄비에 가다랑어 국물 1.5컵에 일본된장 1큰술을 체에 밭쳐 푼 후 한소끔 끓으면, 청주 1큰술 넣고 거품 제거 후 된장국을 완성한다.

❻ 완성 그릇에 두부와 미역을 담고, 끓인 된장국 1컵을 붓고 실파를 올리고 산초가루를 뿌린다.

 핵심 요약 -

- 가쓰오부시는 끓이면 안 되고, 불을 끄고 뜨거운 상태에서 맛을 우려내야 한다.
- 일본된장은 오래 끓이면 텁텁한 맛이 나므로, 된장을 풀어 살짝 끓여낸다.
- 국물 : 건더기= 5 : 1 정도(원래는 7 : 1 정도)가 적당하다.
- 양념(다시물 : 일본된장 = 1.5컵 : 1큰술)

 MEMO -

대합 맑은국(蛤の清し汁 | 하마구리노 스마시지루)

시험시간 20분

요구사항

※ 주어진 재료를 사용하여 다음과 같이 대합 맑은 국을 만드시오.

㉮ 조개 상태를 확인한 후 해감하여 사용하시오.

㉯ 다시마와 백합조개를 넣어 끓으면 다시마를 건져내시오.

지급재료

- 백합조개(개당 40g, 5cm 내외) 2개
- 쑥갓 10g
- 레몬 1/4개
- 청주 5㎖
- 소금(정제염) 10g
- 국간장(진간장 대체 가능) 5㎖
- 건다시마 (5cm×10cm) 1장

 **만드는 법** •••

❶ 백합조개는 깨끗이 씻어 소금물에 담가 해감한다.

❷ 쑥갓을 찬물에 담근다.

❸ 레몬껍질로 오리발 모양을 만든다.

❹ 냄비에 물 2컵을 넣고 젖은 면포로 닦은 다시마와 조개를 넣고 약불로 은근하게 끓인다.

❺ ④의 재료가 끓으면 다시마는 건져내고, 조개 입이 벌어지면 조개도 건져내어 껍질 한쪽을 떼어내고 살 있는 부분만 그릇에 담는다.

❻ 조개국물은 체에 밭쳐 국간장(진간장) 1/2작은술, 청주 1작은술, 소금 1/3작은술 넣고 간을 맞춘 후 살짝 끓인다.

❼ 완성 그릇에 조개(살이 붙어 있는 쪽)를 담고 ⑥의 국물을 8부 정도 붓고 쑥갓, 레몬을 올려 완성한다.

 핵심요약 ---

• 조개는 서로 두들겨 차돌소리가 나는 것은 신선한 것이니 확인한다.

• 맑은국은 센 불에서 끓이면 국물 혼탁해지고, 백합조개는 오래 끓이면 질겨진다.

• 조개를 끓일 때 조개가 충분히 물에 잠기지 않으면 입이 벌어지지 않는 경우가 발생한다.

• 양념비율(맑은국)
  다시물 2컵, 국간장(진간장) 1/2작은술, 청주 1작은술, 소금 1/3작은술

 MEMO ---

도미 머리 맑은국(たいの吸物 | 다이노 스이모노)

요구사항

※ 주어진 재료를 사용하여 다음과 같이 도미 머리 맑은국을 만드시오.

㉮ 도미 머리 부분을 반으로 갈라 50～60g 크기로 사용하시오.(단, 도미는 머리만 사용하여야 하고, 도미 몸통(살) 사용할 경우 실격 처리)

㉯ 소금을 뿌려 놓았다가 끓는 물에 데쳐 손질하시오.

㉰ 다시마와 도미 머리를 넣어 은근하게 국물을 만들어 간하시오.

㉱ 대파의 흰 부분은 가늘게 채(시라가네기) 썰어 사용하시오.

㉲ 간을 하여 각 곁들일 재료를 넣어 국물을 부어 완성하시오.

 지급재료 ● ● ●

- 도미(200～250g, 도미 과제 중복 시 두 가지 과제에 도미 1마리 지급) 1마리
- 청주 5㎖
- 대파(흰 부분 10cm) 1토막
- 죽순 30g
- 건다시마(5cm×10cm) 1장
- 소금(정제염) 20g
- 국간장(진간장 대체 가능) 5㎖
- 레몬 1/4개

만드는 법 ●●●

❶ 도미는 비늘을 긁고 지느러미, 아가미, 내장을 제거하고 머리는 반으로 갈라
　소금 뿌려 30분 정도 둔다.

❷ 대파는 흰 부분만 가늘게 채(시라가네기) 썰어 찬물에 담갔다 건져 준비한다.

❸ 레몬껍질로 오리발 모양을 만든다.

❹ 죽순은 석회질 제거한 후 편으로 썰어 끓는 물에 데쳐 찬물에 헹군다.

❺ 소금 뿌려 놓은 도미는 끓는 물에 데쳐 찬물에서 비늘과 불순물 제거한다.

❻ 냄비에 찬물 2.5컵을 넣고 젖은 면포로 닦은 다시마와 도미 머리를 넣어 끓
　이다가 다시마는 건져내고, 중불에서 은근하게 익히면서 불순물과 거품을 제
　거한다.

❼ ⑥에 죽순을 넣고, 간장 1/2작은술, 청주 1작은술, 소금 1/3작은술로 간을 맞
　추고 살짝 끓인다.

❽ 완성 그릇에 도미 머리를 담고, 죽순, 레몬오리발, 대파채를 얹어 맑은 국물
　을 8부 정도 붓는다.

 핵심 요약 ---

- 도미 손질 시 비늘 제거 – 지느러미 제거 – 도미 머리 가르기 순으로 한다.
- 국 끓일 때 거품을 수시로 걸러내야 맑은국이 된다.
- 도미 머리 비린내를 제거하기 위해서 소금을 많이 뿌려 놓은 후 끓는 물에
  충분히 데쳐서 사용한다.
- 양념비율(맑은국)
  다시물 2컵, 국간장(진간장) 1/2작은술, 청주 1작은술, 소금 1/3작은술

ME MO ---

일식
조림 조리

학습내용	평가항목	성취수준		
		상	중	하
조림 재료 준비	생선, 어패류, 육류를 재료의 특성에 맞게 손질할 수 있다.			
	두부, 채소, 버섯류를 재료의 특성에 맞게 손질할 수 있다.			
	메뉴에 따라 양념장을 준비할 수 있다.			
조림 조리	재료에 따라 조림 양념을 만들 수 있다.			
	식재료의 종류에 따라 불의 세기와 시간을 조절할 수 있다.			
	재료의 색상과 윤기가 살아나도록 조릴 수 있다.			
조림 요리 완성	조림의 특성에 따라 기물을 선택할 수 있다.			
	재료의 형태를 유지할 수 있다.			
	곁들임을 첨가하여 담아낼 수 있다.			

🍽 학습자 결과물

도미조림 (たいのあら焚き | 다이노 아라다기)

요구사항

※ 주어진 재료를 사용하여 다음과 같이 도미조림을 만드시오.

㉮ 손질한 도미를 5∼6cm로 자르고 머리는 반으로 갈라 소금을 뿌리시오.

㉯ 머리와 꼬리는 데친 후 불순물을 제거하시오.

㉰ 도미를 냄비에 안쳐 양념하고 오토시부타(냄비 안에 들어가는 뚜껑이나 호일)를 덮으시오.

㉱ 완성 후 접시에 담고 생강채(하리쇼가)와 채소를 앞쪽에 담아내시오.

 지급재료 •••

- 도미(200∼250g) 1마리
- 우엉 40g
- 꽈리고추(2개) 30g
- 통생강 30g
- 백설탕 60g
- 청주 50㎖
- 진간장 90㎖
- 소금(정제염) 5g
- 건다시마 (5cm×10cm) 1장
- 맛술(미림) 50㎖

 만드는 법 •••

❶ 다시마는 젖은 면포로 닦아서 냄비에 찬물 2컵을 넣고 다시물을 준비한다.

❷ 도미는 비늘을 제거하고, 지느러미와 내장 제거, 머리, 꼬리, 몸통 분리의 순으로 손질한다.

❸ 머리는 반으로 쪼개고, 꼬리 부분은 4~5cm로 자르고, 몸통은 2장뜨기 한 후 5~6cm 잘라 소금을 뿌려 놓는다.

❹ 우엉은 껍질을 벗겨 길이 5cm, 두께 0.8cm 정도로 잘라 찬물에 담근다.

❺ 꽈리고추는 꼭지를 제거하고, 생강은 얇게 저며 가늘게 채 썰어 매운맛을 제거하기 위해 찬물에 씻은 후 건진다.

❻ 손질해 놓은 도미는 끓는 물에 살짝 데쳐 찬물에 헹구면서 불순물을 제거한다.

❼ 냄비에 우엉과 도미를 담고 청주 3큰술을 부어 알코올을 날린 후 다시물 1컵, 맛술(미림) 3큰술, 설탕 3큰술, 간장 3큰술을 넣고 알루미늄 호일을 접어 오토시부타를 만들어 도미 위에 덮고 센 불, 중불, 약불로 불조절을 하면서 간장국물을 끼얹어 가며 윤기나게 조려 국물이 자글자글하면 꽈리고추를 넣어 살짝 익힌다.

❽ 완성 그릇에 도미를 담고, 생강채와 우엉, 꽈리고추를 앞쪽에 담아낸다.

 핵심 요약 --

• 조림 시 냄비에 우엉을 전체적으로 잘 펼친 후 도미의 살쪽을 먼저 넣고 머리와 꼬리를 위에 올려서 조린다.
• 냄비에 도미가 붙지 않도록 돌려가면서 간장 국물을 끼얹는다.
• 꽈리고추의 색이 변하지 않도록 한다.
• 양념비율
  조림양념장 : 다시국물 1컵, 맛술(미림) 3큰술, 설탕 3큰술, 간장 3큰술

 MEMO --

일식
면류 조리

학습내용	평가항목	성취수준		
		상	중	하
식재료 손질	면류의 식재료를 용도에 맞게 손질할 수 있다.			
부재료, 양념 및 기물 준비	면 요리에 맞는 부재료와 양념을 준비할 수 있다.			
	면 요리의 구성에 맞는 기물을 준비할 수 있다.			
맛국물 조리	면 요리의 종류에 맞게 맛국물을 조리할 수 있다.			
	주재료와 부재료를 조리할 수 있다.			
향미 재료 첨가	향미 재료를 첨가하여 면 국물 조리를 완성할 수 있다.			
종류에 따른 맛국물 준비	면 요리의 종류에 맞게 맛국물을 조리할 수 있다.			
부재료 조리 및 면 삶기	부재료는 양념하거나 익혀서 준비할 수 있다.			
	면을 용도에 맞게 삶아서 준비할 수 있다.			
면 조리 완성	면 요리의 종류에 따라 그릇을 선택할 수 있다.			
	양념을 담아낼 수 있다.			
	맛국물을 담아낼 수 있다.			

 학습자 결과물

우동볶음 (焼きうどん | 야키우동)

요구사항

※ 주어진 재료를 사용하여 다음과 같이 우동볶음 (야키우동)을 만드시오.

㉮ 새우는 껍질과 내장을 제거하고 사용하시오.

㉯ 오징어는 솔방울 무늬로 칼집을 넣어 1cm×4cm 크기로 썰어서 데쳐 사용하시오.

㉰ 우동은 데쳐서 사용하고, 숙주를 제외한 나머지 채소는 4cm 길이로 썰어 사용하시오.

㉱ 가다랑어포(하나가쓰오)를 고명으로 얹으시오.

지급재료 •••

- 우동 150g
- 작은 새우(껍질 있는 것) 3마리
- 갑오징어 몸살(물오징어 대체 가능) 50g
- 양파(중, 150g) 1/8개
- 숙주 80g
- 생표고버섯 1개
- 당근 50g
- 청피망(중, 75g) 1/2개
- 가다랑어포(하나가쓰오, 고명용) 10g
- 청주 30㎖
- 진간장 15㎖
- 맛술(미림) 15㎖
- 식용유 15㎖
- 참기름 5㎖
- 소금 5g

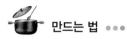 **만드는 법** •••

❶ 모든 재료는 깨끗이 씻은 다음 숙주는 머리와 꼬리를 떼고 양파, 청피망, 표
고버섯은 4cm×1cm로 썰고, 당근은 4cm×1cm×0.2cm로 썰어 준비한다.

❷ 새우는 껍질과 내장을 제거하여 씻는다.

❸ 오징어는 껍질 벗겨 안쪽에(내장쪽) 어슷하게(솔방울 모양) 칼집을 넣어
4cm×1cm로 썰어 데친다.

❹ 냄비에 물을 넉넉히 붓고 끓으면 우동을 데친 후 찬물에 헹구어 체에 받쳐 놓
는다.

❺ 팬에 식용유 두르고 새우, 오징어를 넣고 청주 1큰술을 넣고 한 번 볶은 후
당근, 표고버섯, 양파, 숙주, 청피망을 넣고 볶다가 우동을 넣어 볶으면서 간
장 1큰술, 청주 1큰술, 맛술(미림) 1큰술, 소금 약간을 넣고 마지막에 참기름
을 넣고 맛을 낸다.

❻ 완성 접시에 우동볶음을 담고 가다랑어포(하나가쓰오)를 고명으로 얹어 완
성한다.

 핵심요약 -

• 모든 부재료는 크기가 비슷해야 하고, 가다랑어포(하나가쓰오)는 고명용
이므로 다시물을 내지 않도록 주의한다.

• 피망은 색을 살려 살짝만 볶는다.

• 우동과 해물, 채소 등이 잘 어우러지게 볶아야 한다.

• 양념비율
간장 1큰술, 청주 1큰술, 맛술(미림) 1큰술, 소금 약간

 MEMO -

메밀국수 (ざるそば | 자루소바)

요구사항

※ 주어진 재료를 사용하여 다음과 같이 메밀국수
(자루소바)를 만드시오.

㉮ 소바다시를 만들어 얼음으로 차게 식히시오.

㉯ 메밀국수는 삶아 얼음으로 차게 식혀서 사용하
시오.

㉰ 메밀국수는 접시에 김발을 펴서 그 위에 올려
내시오.

㉱ 김은 가늘게 채 썰어(하리노리) 메밀국수에 얹
어내시오.

㉲ 메밀국수, 양념(야쿠미), 소바다시를 각각 따로
담아내시오.

지급재료 ●●●

- 메밀국수(생면, 건면
  100g 대체 가능) 150g
- 무 60g
- 실파(2뿌리) 40g
- 김 1/2장
- 고추냉이(와사비분)
  10g
- 가다랑어포(가쓰오부
  시) 10g
- 건다시마
  (5cm×10cm) 1장
- 진간장 50㎖
- 백설탕 25g

- 청주 15㎖
- 맛술(미림) 10㎖
- 각얼음 200g

 **만드는 법** ●●●

❶ 다시마는 젖은 면포로 닦아서 찬물 2컵을 넣고, 중불에서 물이 끓으면 다시마는 건져내고, 가다랑어포(가쓰오부시)를 넣고 불을 끄고 5분 정도 두었다가 면포에 걸러 가쓰오다시물 1컵을 준비한다.

❷ 냄비에 가쓰오다시물 1컵, 진간장 2큰술, 설탕 1.5큰술, 청주 1큰술, 맛술(미림) 2/3큰술을 넣고 잠깐 끓인 후 얼음 넣은 볼에 올려 차게 식혀 소바다시를 준비한다.

❸ 와사비를 찬물에 개어 모양내고, 송송 썬 실파와 강판에 간 무를 찬물에 씻어 수분 제거 후 종지에 담아 야쿠미(양념)를 완성한다.

❹ 냄비에 물 끓으면, 메밀국수를 넣고 찬물 3번 정도 부어 투명하게 삶아 찬물과 얼음으로 차게 헹군 후 사리를 지어 접시 위에 김발을 펴서 담는다.

❺ 김은 살짝 구워 가늘게 5cm 정도 채 썰어 면 위에 올린다.

❻ 메밀국수, 양념(야쿠미), 소바다시를 각각 따로 담아서 제출한다.

 핵심 요약 --

- 메밀국수는 건면, 생면일 때를 구분해서 면이 잘 익도록 조리한다.
- 국수 삶을 때 물이 넘치지 않게 찬물을 조금씩 2~3회 부어가며 삶고, 삶은 국수를 찬물에 싹싹 비벼 가면서 충분히 풀기를 빼야 붇지 않는다.
- 얼음은 메밀국수 씻을 때와 국물 식힐 때 두 곳에 사용한다.
- 양념비율
  가쓰오다시물 1컵, 진간장 2큰술, 설탕 1.5큰술, 청주 1큰술, 맛술(미림) 2/3큰술

ME MO --

일식
밥류 조리

학습내용	평가항목	성취수준		
		상	중	하
쌀 씻고 불리기	쌀을 씻어 불릴 수 있다.			
조리법에 따른 물 조절과 뜸 들이기	조리법(밥, 죽)에 맞게 물을 조절할 수 있다.			
	밥을 지어 뜸들이기를 할 수 있다.			
맛국물 내기	맛국물을 낼 수 있다.			
기물과 고명의 선택	메뉴에 맞게 기물 선택을 할 수 있다.			
	밥에 맛국물을 넣고 고명을 선택할 수 있다.			
덮밥용 맛국물과 양념간장 만들기	덮밥용 맛국물을 만들 수 있다.			
	덮밥용 양념간장을 만들 수 있다.			
덮밥 재료에 따른 소스 조리	덮밥 재료에 따른 소스를 조리하여 덮밥을 만들 수 있다.			
용도별 재료 손질	덮밥의 재료를 용도에 맞게 손질할 수 있다.			
재료의 조리와 담기, 고명 곁들이기	맛국물에 튀기거나 익힌 재료를 넣고 조리할 수 있다.			
	밥 위에 조리된 재료를 놓고 고명을 곁들일 수 있다.			

 학습자 결과물

소고기 덮밥<small>(牛肉のどんぶり | 규니쿠노 돈부리)</small>

시험시간 **30분**

요구사항

※ 주어진 재료를 사용하여 다음과 같이 소고기 덮밥을 만드시오.

㉮ 덮밥용 양념간장(돈부리 다시)을 만들어 사용하시오.

㉯ 고기, 채소, 달걀은 재료 특성에 맞게 조리하여 준비한 밥 위에 올려 놓으시오.

㉰ 김을 구워 칼로 잘게 썰어(하리노리) 사용하시오.

 지급재료 • • •

- 소고기(등심) 60g
- 양파(중, 150g) 1/3개
- 실파(1뿌리) 20g
- 팽이버섯 10g
- 달걀 1개
- 김 1/4장
- 백설탕 10g
- 진간장 15㎖
- 건다시마 (5cm×10cm) 1장
- 맛술(미림) 15㎖
- 소금(정제염) 2g
- 밥(뜨거운 밥) 120g
- 가다랑어포(가쓰오부시) 10g

 만드는 법 ●●●

❶ 다시마는 젖은 면포로 닦아서 찬물 1컵을 넣고, 중불에서 물이 끓으면 다시마
  는 건져내고, 가다랑어포(가쓰오부시)를 넣고 불을 끄고 5분 정도 두었다가 면
  포에 걸러 가쓰오다시물 1/2컵을 준비한다.

❷ 김은 살짝 구워 칼로 잘게 채 썰어(하리노리) 물에 젖지 않게 담는다.

❸ 양파는 얇게 채 썰고, 팽이버섯은 밑동을 자르고, 실파와 함께 모두 5cm 정
  도 길이로 자른다.

❹ 소고기는 핏물 제거한 후 결 반대방향 폭 5cm×3cm×0.2cm 정도로 편 썰고
  달걀은 소금으로 간한 후 가볍게 풀어 놓는다.

❺ 양념간장(돈부리 다시) 만들기 : 가쓰오다시 1/2컵, 간장 1큰술, 맛술(미림)
  1큰술, 설탕 1/2 큰술 섞어 살짝 끓여 덮밥용 양념간장을 준비한다.

❻ 냄비에 덮밥용 양념간장이 끓으면 양파, 소고기 익히다가 팽이버섯, 실파 넣
  고 반 정도 익으면 달걀을 풀어 펼치듯이 끼얹고 달걀흰자와 노른자가 선명하
  게 70% 정도 익으면 불을 끈다.

❼ 완성된 밥 위에 ⑥을 붓고 썰어 놓은 김(하리노리)을 올린다.

 **핵심
요약** -

- 소고기는 결 반대로 얇게 썰고, 김은 데바칼로 써는 것이 능숙하다.
- 달걀은 반숙 정도로 완전 익히지 않고, 양념간장(돈부리다시)이 팬에 3큰
  술 정도 남게 불조절 한다.
- 김은 제출 직전 마지막에 올린다.
- 양념비율
  양념간장(돈부리다시): 가쓰오다시 1/2컵, 간장 1큰술, 맛술(미림) 1큰술,
  설탕 1/2큰술

**ME
MO** -

일식
초회 조리

학습내용	평가항목	성취수준		
		상	중	하
초회 재료 준비	식재료를 기초 손질할 수 있다.			
	혼합초 재료를 준비할 수 있다.			
	곁들임 양념을 준비할 수 있다.			
초회 조리	식재료를 전처리할 수 있다.			
	혼합초를 만들 수 있다.			
	식재료와 혼합초의 비율을 용도에 맞게 조리할 수 있다.			
초회 완성	용도에 맞는 기물을 선택할 수 있다.			
	제공 직전에 무쳐 낼 수 있다.			
	색상에 맞게 담아낼 수 있디.			

🍽 학습자 결과물

문어초회 (たこの酢の物 | 다고노 스노모노)

요구사항

※ 주어진 재료를 사용하여 다음과 같이 문어초회를 만드시오.

㉮ 가다랑어 국물을 만들어 양념초간장(도사스)을 만드시오.

㉯ 문어는 삶아 4~5cm 길이로 물결모양썰기(하조기리)를 하시오.

㉰ 미역은 손질하여 4~5cm 크기로 사용하시오.

㉱ 오이는 둥글게 썰거나 줄무늬썰기(자바라) 하여 사용하시오.

㉲ 문어초회 접시에 오이와 문어를 담고 양념초간장(도사스)을 끼얹어 레몬으로 장식하시오.

🍲 지급재료 ● ● ●

- 문어 다리(생문어, 80g) 1개
- 건미역 5g
- 레몬 1/4개
- 오이(가늘고 곧은 것, 길이 20cm) 1/2개
- 소금(정제염) 10g
- 식초 30㎖
- 건다시마 (5cm×10cm) 1장
- 진간장 20㎖
- 백설탕 10g
- 가다랑어포(가쓰오부시) 5g

❶ 다시마는 젖은 면포로 닦아서 찬물 1컵을 넣고, 중불에서 물이 끓으면 다시마는 건져내고, 가다랑어포(가쓰오부시)를 넣고 불을 끄고 5분 정도 두었다가 면포에 걸러 가쓰오다시물 1/2컵을 준비한다.

❷ 오이는 껍질의 가시를 제거하고 사선으로 돌려가며 칼집을 넣어 줄무늬썰기(자바라)를 해서 소금에 절인 후, 물기를 제거하여 2cm 정도 썬 다음, 비틀어 모양을 잡는다.

❸ 건미역은 찬물에 담가 불린 후, 끓는 물에 살짝 데쳐, 넓은 부분 펼쳐놓고 나머지 미역을 올려 돌돌 말아 4~5cm 크기로 자른다.

❹ 냄비에 가쓰오다시 3큰술, 간장 1/3작은술, 설탕 1큰술 끓여 식으면 식초 1큰술 넣어 양념초간장(도사스)을 만든다.

❺ 문어는 소금으로 문질러 이물질을 제거하고 양옆 껍질을 벗기고 끓는 물에 식초 1작은술, 간장 1작은술을 넣고 3~5분 정도 삶아 빨판을 살리면서 4~5cm 길이로 물결모양썰기(하조기리)를 한다.

❻ 완성 접시에 오이와 미역을 담은 후 앞쪽에 문어를 담고 레몬으로 장식하여 양념초간장(도사스)을 골고루 끼얹는다.

핵심요약 --

• 오이는 사시미칼로 가시를 제거하고 일정한 간격과 깊이로 칼집을 넣어야 한다.
• 시험장 문어는 크기에 따라 다르지만 5분 정도 삶아 준다.
• 양념초간장(도사스)을 만들 때는 식초를 맨 마지막에 넣어서 신맛의 조화를 살린다.
• 양념비율
  양념초간장(도사스) : 가쓰오다시 3큰술, 간장 1/3작은술, 설탕 1큰술, 식초 1큰술

ME MO --

해삼초회 (なまこの酢の物 | 나마고스 스노모노)

요구사항

※ 주어진 재료를 사용하여 다음과 같이 해삼초회를 만드시오.

㉮ 오이를 둥글게 썰거나 줄무늬썰기(자바라) 하여 사용하시오.

㉯ 미역을 손질하여 4~5cm로 써시오.

㉰ 해삼은 내장과 모래가 없도록 손질하고 힘줄(스지)을 제거하시오.

㉱ 빨간 무즙(아카오로시)과 실파를 준비하시오.

㉲ 초간장(폰즈)을 끼얹어 내시오.

지급재료 •••

- 해삼(fresh) 100g
- 오이(가늘고 곧은 것, 길이 20cm) 1/2개
- 건미역 5g
- 실파(1뿌리) 20g
- 무 20g
- 레몬 1/4개
- 소금(정제염) 5g
- 건다시마 (5cm×10cm) 1장
- 가다랑어포(가쓰오부시) 10g
- 식초 15㎖
- 진간장 15㎖
- 고춧가루(고운 것) 5g

 **만드는 법** ●●●

❶ 다시마는 젖은 면포로 닦아서 찬물 1/2컵을 넣고, 중불에서 물이 끓으면 다시마는 건져내고, 가다랑어포(가쓰오부시)를 넣고 불을 끄고 5분 정도 두었다가 면포에 걸러 가쓰오다시물을 준비한다.

❷ 오이는 껍질의 가시를 제거하고 사선으로 돌려가며 칼집을 넣어 줄무늬썰기(자바라)를 해서 소금에 절인 후, 물기를 제거하고 2cm 정도 썰어, 비틀어 모양을 잡는다.

❸ 건미역은 찬물에 담가 불린 후, 끓는 물에 살짝 데쳐, 넓은 부분은 펼쳐놓고 나머지 미역은 올려 돌돌 말아 4~5cm 크기로 자른다.

❹ 초간장(폰즈) : 다시물 1큰술, 식초 1큰술, 간장 1작은술을 만든다.

❺ 야쿠미 : 무는 강판에 갈아 물에 씻어 매운맛을 제거한 후, 고운 고춧가루에 묻히고(아키오로시), 실파는 0.2cm로 송송 썰어 찬물에 헹구어 매운맛을 제거하고, 레몬은 반달 모양으로 썰어 완성한다.

❻ 해삼은 배를 갈라 내장, 힘줄(스지), 모래를 제거하고 양 끝을 잘라 낸 후 폭 2cm 정도로 썬다.(냉동 해삼이 나올 경우 불린 후 데쳐서 사용)

❼ 완성 접시의 위쪽에 오이, 미역 담고, 앞쪽에 해삼을 담아 제출 직전에 빨간 무즙(아키오로시), 실파, 레몬을 곁들이고, 초간장(폰즈)을 골고루 끼얹는다.

 핵심요약 -

- 오이는 사시미칼로 일정한 간격과 깊이로 칼집을 넣는다.
- 생해삼은 신선도 유지를 위해 맨 마지막에 손질한다.
- 해삼은 가시 있는 쪽이 등쪽, 가시 없는 쪽이 배쪽이다. 내장을 제거할 때 배쪽으로 칼집을 넣고 너무 작게 썰지 않는다.

 MEMO -

일식
찜 조리

☑ 학/습/평/가

학습내용	평가항목	성취수준		
		상	중	하
찜 재료 손질	메뉴에 따라 재료의 특성을 살려 손질할 수 있다.			
	고명, 부재료, 향신료를 조리법에 맞추어 손질할 수 있다.			
양념 재료 준비	양념 재료를 준비할 수 있다.			
맛국물 준비	메뉴에 따라 재료의 특성을 살려 맛국물을 준비할 수 있다.			
특성에 따른 찜 소스 조리	찜 소스를 찜의 종류와 특성에 따라 조리법에 맞추어 조리할 수 있다.			
찜 소스 양 조절	첨가되는 찜 소스의 양을 조절하여 조리할 수 있다.			
찜 양념 조리	찜 양념을 만들 수 있다.			
찜통 준비 및 불 조절	찜통을 준비할 수 있다.			
	식재료의 종류에 따라 불의 세기와 시간을 조절할 수 있다.			
재료의 형태 유지하며 찌기	찜의 특성에 따라 기물을 선택할 수 있다.			
	재료의 형태를 유지할 수 있다.			
찜 조리 완성	곁들임을 첨가하여 완성할 수 있다.			

 학습자 결과물

달걀찜 (たまごむし | 다마고무시)

요구사항

※ 주어진 재료를 사용하여 다음과 같이 달걀찜을 만드시오.

㉮ 은행은 삶고, 밤은 구워서 사용하시오.

㉯ 간장으로 밑간한 닭고기와 나머지 재료는 1cm 크기로 썰어 데쳐서 사용하시오.

㉰ 가다랑어포로 다시(국물)를 만들어 식혀서 달걀과 섞으시오.

㉱ 레몬껍질과 쑥갓을 올려 마무리하시오.

지급재료 •••

- 달걀 1개
- 새우(약 6~7cm) 1마리
- 어묵(판어묵) 15g
- 생표고버섯(10g) 1/2개
- 밤 1/2개
- 가다랑어포(가쓰오부시) 10g
- 닭고기살 20g
- 은행(겉껍질 깐 것) 2개
- 흰생선살 20g
- 쑥갓 10g
- 진간장 10㎖
- 소금(정제염) 5g
- 청주 10㎖
- 레몬 1/4개
- 죽순 10g
- 건다시마(5cm×10cm) 1장
- 이쑤시개 1개
- 맛술(미림) 10㎖

 **만드는 법** ● ● ●

❶ 다시마는 젖은 면포로 닦아서 냄비에 찬물 2컵을 넣고 중불에 끓인다. 물이 끓
   으면 다시마는 건져내고, 가다랑어포(가쓰오부시)를 넣어 불을 끄고 5분 정도
   두었다가 면포에 걸러 가쓰오다시물을 준비한다.(차게 준비)

❷ 쑥갓을 찬물에 담그고 레몬은 껍질로 오리발 모양을 만든다.

❸ 밤은 쇠꼬챙이를 끼워 구운 다음 1.5cm 정도로 자른다.

❹ 닭고기는 간장으로 밑간, 흰살생선은 소금으로 밑간, 새우는 내장 제거 후 데
   쳐 껍질을 벗긴다.

❺ 은행은 끓는 물에 넣고 데쳐 껍질을 제거한다.

❻ 모든 재료는 1cm 크기로 잘라 끓는 물에 죽순, 표고, 어묵, 흰살생선, 새우, 닭
   고기살 순으로 데쳐 놓는다.

❼ 달걀에 가쓰오다시물 1/2컵을 섞어 체에 내린 후 청주 2/3큰술, 맛술(미림)
   2/3큰술, 소금 약간을 넣는다.

❽ 찜 그릇에 손질된 재료를 담고 7번을 붓고 해동지나 호일을 이용해서 감싸
   준다.

❾ 냄비에 물이 끓으면 찜그릇을 넣고 10～12분 지난 후 달걀이 수평이 되게 잘
   쪄지면 쑥갓잎, 오리발레몬을 얹고 쑥갓잎의 색이 변하지 않게 30초 정도 두
   었다가 호일을 벗겨 완성한다.

 핵심 요약 -

• 다시물은 충분히 식지 않으면 찌기 전 달걀이 익어 찜이 안 된다.
• 닭고기(간장), 흰살생선(소금)은 반드시 양념하고, 쑥갓과 레몬을 제외한
   모든 재료는 데치거나 삶아서 사용한다.
• 냄비 안에 찜을 조리할 경우 면포나 행주를 깔고 찜그릇을 고정하면 많이
   흔들리지 않는다.
• 양념비율
   달걀 1개, 가쓰오다시물 1/2컵, 청주 2/3큰술, 미림(맛술) 2/3큰술, 소금 약간

 ME MO -

도미술찜 (たいの酒むし | 다이노 사케무시)

요구사항

※ 주어진 재료를 사용하여 다음과 같이 도미술찜을 만드시오.

㉮ 머리는 반으로 자르고, 몸통은 세장뜨기 하시오.

㉯ 손질한 도미살을 5~6cm로 자르고 소금을 뿌려, 머리와 꼬리는 데친 후 불순물을 제거하시오.

㉰ 청주를 섞은 다시(국물)에 쪄내시오.

㉱ 당근은 매화꽃, 무는 은행잎 모양으로 만들어 익혀내시오.

㉲ 초간장(폰즈)과 양념(야쿠미)을 만들어 내시오.

 지급재료 ● ● ●

- 도미(200~250g) 1마리
- 배추 50g
- 당근(둥근 모양으로 잘라서 지급) 60g
- 무 50g
- 판두부 50g
- 생표고버섯(20g) 1개
- 죽순 20g
- 쑥갓 20g
- 레몬 1/4개
- 청주 30ml
- 진간장 30ml
- 건다시마(5cm×10cm) 1장
- 식초 30ml
- 고춧가루(고운 것) 2g
- 실파(1뿌리) 20g
- 소금(정제염) 5g

 **만드는 법** ●●●

❶ 다시마는 젖은 면포로 닦아서 냄비에 찬물 1컵을 넣고 끓여 다시물을 준비한다.

❷ 도미는 비늘, 지느러미, 내장을 제거하고 머리, 몸통, 꼬리 분리하여 머리는 반으로 쪼개고, 몸통은 3장뜨기해서 잔뼈를 제거하고 5~6cm 자르고, 꼬리 한토막 내어 X자로 칼집을 넣고 소금을 뿌려둔다.

❸ 무는 은행잎, 당근은 매화꽃 모양, 표고버섯은 윗면에 별 모양, 죽순은 0.2~0.3cm 편으로 잘라 끓는 물에 소금 넣고 배추와 함께 데친 후 찬물에 씻고, 배추는 김발에 말아 어슷 썰어 놓는다.

❹ 두부는 1.5cm×3cm×4cm 정도로 썰고, 실파는 0.5cm로 송송 썰어 찬물에 헹구어 물기를 제거한다.

❺ 야쿠미 : 무는 강판에 갈아 물에 씻어 매운맛을 제거한 후, 고운 고춧가루에 묻히고(아카오로시), 실파는 0.2cm로 송송 썰어 찬물에 헹구어 매운맛을 제거하고, 레몬은 반달 모양으로 썰어 완성한다.

❻ 폰즈(양념초간장) : 다시물 1큰술, 간장 1큰술, 식초 1큰술의 비율로 준비한다.

❼ 소금을 뿌려둔 도미는, 체에 올려 뜨거운 물을 부어 불순물을 제거하고 찬물에 씻어 한 번 더 머리 부분의 비늘을 제거한다.

❽ 완성 접시에 다시마 1조각 깔고, 도미, 두부, 버섯, 배추, 죽순, 무, 당근을 가지런히 담아 술찜다시(청주 3큰술, 다시물 1큰술, 소금 1/2작은술)를 고루 뿌려 해동지나 호일로 감싼 후 10분 정도 찐 다음 쑥갓을 넣어 뜸들여 완성한다.

❾ 술찜, 폰즈, 야쿠미를 함께 제출한다.

 핵심 요약 -

- 도미의 꼬리 부분은 버리지 말고 4~5cm로 잘라 살 부분은 X자로 칼집 넣고 꼬리지느러미는 V자 모양을 만들어 소금을 뿌린다.
- 도미 머리와 꼬리는 끓는 물에 직접 데쳐도 된다.
- 양념비율
  술찜다시 : 청주 3큰술, 다시물 1큰술, 소금 1/2작은술
  폰즈(양념초간장) : 다시물 1, 간장 1, 식초 1

 MEMO -

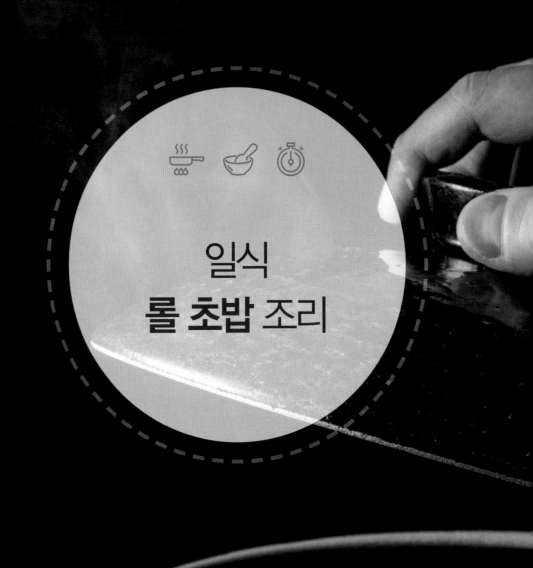

일식
롤 초밥 조리

학습내용	평가항목	성취수준		
		상	중	하
초밥용 밥 준비	초밥용 밥을 준비할 수 있다.			
용도별 롤 초밥 재료 준비	롤 초밥의 용도에 맞는 재료를 준비할 수 있다.			
고추냉이와 부재료 준비	고추냉이(가루, 생)와 부재료를 준비할 수 있다.			
초밥용 배합초 재료 준비	초밥용 배합초의 재료를 준비할 수 있다.			
초밥용 배합초 조리	초밥용 배합초를 조리할 수 있다.			
	용도에 맞게 다양한 배합초를 준비된 밥에 뿌릴 수 있다.			
롤 초밥 재료의 모양 준비	롤 초밥의 모양과 양을 조절할 수 있다.			
롤 초밥 조리	신속한 동작으로 만들 수 있다.			
	용도에 맞게 다양한 롤 초밥을 만들 수 있다.			
롤 초밥 기물 선택	롤 초밥의 종류와 양에 따른 기물을 선택할 수 있다.			
롤 초밥 담기	롤 초밥을 구성에 맞게 담을 수 있다.			
곁들임 담기	롤 초밥에 곁들임을 첨가할 수 있다.			

 학습자 결과물

김초밥 <small>(まきすし | 마키스시)</small>

시험시간 **25분**

요구사항

※ 주어진 재료를 사용하여 다음과 같이 김초밥을 만드시오.

㉮ 박고지, 달걀말이, 오이 등 김초밥 속재료를 만드시오.

㉯ 초밥초를 만들어 밥에 간하여 식히시오.

㉰ 김초밥은 일정한 두께와 크기로 8등분하여 담으시오.

㉱ 간장을 곁들여 제출하시오.

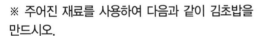 **지급재료** • • •

- 김(초밥김) 1장
- 밥(뜨거운 밥) 200g
- 달걀 2개
- 박고지 10g
- 통생강 30g
- 청차조기잎(시소, 깻잎으로 대체 가능) 1장
- 오이(가늘고 곧은 것, 길이 20cm) 1/4개
- 오보로 10g
- 식초 70㎖
- 백설탕 50g
- 소금(정제염) 20g
- 식용유 10㎖
- 진간장 20㎖
- 맛술(미림) 10㎖

 **만드는 법** •••

❶ 시소는 찬물에 담가 놓고 박고지는 물에 불려 놓는다.

❷ 지급된 밥은 식지 않게 젖은 면포로 덮어둔다.

❸ 냄비에 식초 3큰술, 설탕 2큰술, 소금 1큰술을 넣고 살짝 끓여 배합초를 만들어 따뜻한 밥에 배합초 2큰술을 넣어 잘 섞어 놓는다.

❹ 생강은 최대한 얇게 저며 끓는 물에 데쳐 배합초(초밥초)에 담근다.

❺ 불린 박고지는 삶아서 물 4큰술, 간장 1큰술, 설탕 1큰술, 맛술(미림) 1작은술을 넣고 조린다.

❻ 오이는 가시와 씨를 제거한 후 단면 1.5cm×1.5cm, 길이는 김 길이로 잘라 소금에 절인 후 씻어 물기를 제거한다.

❼ 달걀 2개, 물 1.5큰술, 설탕 2/3작은술, 소금 1/2작은술, 맛술(미림) 1작은술 넣고 잘 풀어 체에 내려 기름 두른 팬에 말고 김발에 단단하게 말아 김 길이에 맞추어 1.5cm로 자른다.

❽ 김발에 김을 올리고 초밥을 앞쪽으로 4/5 정도 골고루 펴고, 밥의 가운데를 살짝 눌러 생선 오보로를 올리고 그 위로 오이, 박고지, 달걀말이를 가운데 가지런히 놓고 밥과 밥이 맞닿게 말아 준다.

❾ 김초밥은 칼에 배합초를 묻혀 크기가 똑같이 8등분 한다.

❿ 완성 접시에 깻잎을 깔고 김초밥을 담고 오른쪽 하단에 초생강을 얹어낸 후 간장을 곁들어 제출한다.

 핵심 요약 -

- 생강은 물 3큰술, 식초 1큰술, 설탕 1큰술, 소금 약간을 잘 섞어 끓이지 않고 담가도 된다.
- 초밥 내용물이 정중앙에 오도록 김초밥을 싸고 밥이 밖으로 나오지 않게 양쪽 끝을 밀어 넣어준다.
- 젖은 면포에 칼 표면을 닦아 주면서 자르면, 단면이 깔끔하다.
- 양념비율
  배합초 : 식초 3큰술, 설탕 2큰술, 소금 1큰술
  박고지조림 : 물 4큰술, 간장 1큰술, 설탕 1큰술, 미림 1작은술
  달걀말이 : 달걀 2개 물 1.5큰술, 설탕 2/3작은술, 소금 1/2작은술, 맛술(미림) 1작은술

 MEMO -

생선초밥(にぎりすし | 니기리스시)

시험시간 **40분**

요구사항

※ 주어진 재료를 사용하여 다음과 같이 생선초밥을 만드시오.

㉮ 각 생선류와 채소를 초밥용으로 손질하시오.

㉯ 초밥초(스시스)를 만들어 밥에 간하여 식히시오.

㉰ 곁들일 초생강을 만드시오.

㉱ 쥔초밥(니기리스시)을 만드시오.

㉲ 생선초밥은 6종류 8개를 만들어 제출하시오.

㉳ 간장을 곁들여 내시오.

지급재료 •••

- 참치살(붉은색 참치살, 아카미) 30g
- 광어살(3cm×8cm 이상, 껍질 있는 것) 50g
- 새우(30~40g) 1마리
- 학꽁치(꽁치, 전어 대체 가능) 1/2마리
- 도미살 30g
- 문어(삶은 것) 50g
- 밥(뜨거운 밥) 200g
- 청차조기잎(시소, 깻잎으로 대체 가능) 1장
- 통생강 30g
- 고추냉이(와사비분) 20g
- 식초 70ml
- 백설탕 50g
- 소금(정제염) 20g
- 진간장 20ml
- 대꼬챙이(10~15cm) 1개

 **만드는 법** ●●●

❶ 시소는 찬물에 담가 놓고, 고추냉이(와사비)는 찬물을 조금씩 넣으며 질지 않게 갠다.

❷ 지급된 밥은 식지 않게 젖은 면포로 덮어 둔다.

❸ 냄비에 식초 3큰술, 설탕 2큰술, 소금 1큰술을 넣고 살짝 끓여 배합초를 만들고 따뜻한 밥에 배합초 2큰술을 넣어 잘 섞어 놓는다.

❹ 생강은 최대한 얇게 저며 끓는 물에 데쳐 배합초(초밥초)에 담근다.

❺ 참치는 해동되지 않았으면 미지근한 소금물(3%)에 반 정도 녹여 면포에 싸서 해동하여, 초밥용으로 도톰하게 2조각을 준비한다.

❻ 광어와 도미는 껍질을 벗겨 면포에 싸서 불순물을 제거하고 0.2cm×3cm×7cm 정도 되게 저며서 포를 뜬다.

❼ 데친 문어는 간장, 식초를 약간 넣고 살짝 데쳐 촉수 주변에 칼집을 넣어 껍질을 벗기고 0.2cm×3cm×7cm 물결 모양으로 포를 뜬다.

❽ 새우는 머리를 제거하고 대꼬챙이를 배쪽으로 꽂아 소금 넣고 삶아 꼬리 한 마디만 남기고 껍질 제거한 후 배쪽으로 칼집을 넣는다.

❾ 학꽁치는 내장과 가시를 제거하고 겉껍질을 벗기고 등쪽에 칼집을 넣어 초밥용으로 길이 7cm 정도로 준비한다.

❿ 손에 배합초를 적당히 바른 후 왼손에 생선을 잡고, 오른손은 초밥을 쥐면서 검지는 와사비, 초밥을 뒤집어서 중앙이 약간 올라오게 쓰다듬듯이 눌러 초밥을 완성한다.

⓫ 완성 접시에 생선초밥을 색맞추어 사선으로 담고 오른쪽 하단에 청차조기 잎을 깔고 초생강을 올려 장식하고, 간장을 곁들여 제출한다.

 핵심요약 ---

• 문어 다리 끝 얇은 부분이면, 촉수 주변 껍질을 벗기고 반 갈라 준비한다.
• 생선 밖으로 밥이 나오지 않도록 초밥을 지어야 한다.
• 양념비율
  배합초 : 식초 3큰술, 설탕 2큰술, 소금 1큰술

 MEMO ---

참치 김초밥 (てっかまき | 데카마키)

요구사항

※ 주어진 재료를 사용하여 다음과 같이 참치 김초밥을 만드시오.

㉮ 김을 반 장으로 자르고, 눅눅하거나 구워지지 않은 김은 구워 사용하시오.

㉯ 고추냉이와 초생강을 만드시오.

㉰ 초밥 2줄은 일정한 크기 12개로 잘라내시오.

㉱ 간장을 곁들여 내시오.

 지급재료 ● ● ●

- 참치살(붉은색 참치살, 아카미) 100g
- 고추냉이(와사비분) 15g
- 청차조기잎(시소, 깻잎으로 대체 가능) 1장
- 김(초밥김) 1장
- 밥(뜨거운 밥) 120g
- 통생강 20g
- 식초 70㎖
- 백설탕 50g
- 소금(정제염) 20g
- 진간장 10㎖

 **만드는 법** •••

❶ 참치는 해동되지 않았으면 미지근한 소금물(3%)에 반 정도 녹여 면포에 싸서 해동한다.

❷ 지급된 밥은 식지 않게 젖은 면포로 감싸 놓는다.

❸ 냄비에 식초 3큰술, 설탕 2큰술, 소금 1큰술을 넣고 살짝 끓여 배합초를 만들어 따뜻한 밥에 배합초 1큰술을 넣어 잘 섞어 놓는다.

❹ 생강은 최대한 얇게 저며 끓는 물에 살짝 데쳐 초밥초(배합초)에 담근다.

❺ 고추냉이(와사비)는 찬물에 개어 놓는다.

❻ 참치 해동상태 확인 후 가로, 높이 1.5cm×1.5cm, 세로는 김 길이로 자른다.

❼ 김은 구워 짧은 방향으로 잘라 2등분 한다.

❽ 김발에 김을 올리고 그 위에 초밥을 4/5 정도 얇게 펴고 밥 가운데를 눌러 고추냉이(와사비)를 길게 바르고 참치를 놓고 밥과 밥이 맞닿게 말아준다.

❾ 참치김초밥을 2개 만들어 도마 위에 놓고 칼에 배합초를 묻혀 6등분을 같은 크기로 잘라 총 12개 만든다.

❿ 완성 접시에 깻잎(시소잎)을 깔고 참치김초밥을 담고, 오른쪽 하단에 초생강을 얹은 후 간장을 곁들여 제출한다.

 핵심요약 --

• 밥에 배합초를 버무릴 때 칼로 베듯이 주걱으로 혼합한다.

• 고추냉이(와사비)를 갤 때는 물을 조금씩 부어가며 된 정도를 확인하며 개야 한다.

• 참치김밥의 밥은 김 위에 얇게 펴주어야 참치가 중앙에 온다.

• 양념비율
  배합초 : 식초 3큰술, 설탕 2큰술, 소금 1큰술

 MEMO ---

일식
구이 조리

✎ 학/습/평/가

학습내용	평가항목	성취수준		
		상	중	하
구이 재료 손질과 양념 준비	구이 식재료를 용도에 맞게 손질할 수 있다.			
	구이 식재료에 맞는 양념을 준비할 수 있다.			
구이 종류별 기물 준비	구이 용도에 맞는 기물을 준비할 수 있다			
재료에 따른 구이 방법	식재료의 특성에 따라 구이 방법을 선택할 수 있다.			
구이 중 주의점	불의 강약을 조절하여 구워 낼 수 있다.			
	재료의 형태가 부서지지 않도록 구울 수 있다.			
구이 모양과 형태에 맞게 담기	구이 모양과 형태에 맞게 담아낼 수 있다.			
구이 곁들임 요리와 양념 준비	양념을 준비하여 담아낼 수 있다.			
	구이 종류의 특성에 따라 곁들임을 함께 낼 수 있다.			

 학습자 결과물

삼치 소금구이 (さわらのしおやき | 사와라노 시오야키)

시험시간 **30분**

요구사항

※ 주어진 재료를 사용하여 다음과 같이 삼치 소금구이를 만드시오.

㉮ 삼치는 세장뜨기 한 후 소금을 뿌려 10~20분 후 씻고 쇠꼬챙이에 끼워 구워내시오.

㉯ 채소는 각각 초담금 및 조림을 하시오.

㉰ 구이 그릇에 삼치 소금구이와 곁들임을 담아 완성하시오.

㉱ 길이 10cm 크기로 2조각을 제출하시오.

 지급재료 • • •

- 삼치(400~450g) 1/2 마리
- 레몬 1/4개
- 깻잎 1장
- 소금(정제염) 30g
- 무 50g
- 우엉 60g
- 식용유 10㎖
- 식초 30㎖
- 건다시마 (5cm×10cm) 1장
- 진간장 30㎖
- 백설탕 30g
- 청주 15㎖
- 흰참깨(볶은 것) 2g
- 쇠꼬챙이(30cm) 3개
- 맛술(미림) 10㎖

 **만드는 법** ●●●

❶ 다시마는 젖은 면포로 닦아서 냄비에 찬물 1컵을 넣고 끓으면 체에 밭쳐 다시물을 준비한다.

❷ 깻잎을 찬물에 담가두고 삼치는 3장뜨기 해서 껍질에 칼집을 넣고 소금을 뿌려 놓는다.

❸ 우엉은 껍질을 벗기고 길이 5cm로 나무젓가락 굵기로 4등분하여 기둥 모양으로 썰어 찬물에 담갔다가 기름 두르고 우엉을 살짝 볶다가 물에 헹구어 기름을 제거하고, 다시물 4큰술, 간장 2큰술, 설탕 1큰술, 청주 1큰술, 맛술(미림) 2작은술을 넣고 조려 양끝에 참깨를 묻힌다.

❹ 무는 3cm 정도 주사위 모양으로 잘라 원형으로 만들어 아래 0.5cm 정도 남기고 가로, 세로 사방 잔 칼집을 넣어 국화꽃 모양으로 썰어 소금물에 절이고 헹궈 꼭 짠 후 단촛물(물 2큰술, 식초 2큰술, 설탕 1큰술, 소금 1/2작은술)에 담갔다가 다시 짠다. 레몬껍질을 다져 국화꽃 위에 뿌린다.

❺ 소금 뿌려 놓은 삼치는 물에 씻어 수분을 제거한 후 웃소금을 뿌려 쇠꼬챙이에 끼워 살쪽을 충분히 익힌 후 껍질쪽을 구워 삼치가 타지 않고 부서지지 않도록 굽는다.

❻ 완성 접시에 깻잎을 깔고 껍질 부분이 위로 가게 2조각을 담고 무, 우엉, 레몬을 앞에 곁들어 담아낸다.

 핵심 요약 -

• 우엉은 반드시 볶아서 기름기를 제거하고, 조림 시에는 화력 조절을 잘 해서 윤기나게 조려 끝에 흰 참깨를 묻힌다.

• 국화꽃 모양을 만들 때는 칼집을 깊게 넣어야 초담금 후 잘 벌어진다.

• 삼치 구울 때는 최소 30분 정도 소금을 뿌려두어야 비린내가 덜 나고, 쇠꼬챙이로 구울 때는 앞쪽부터, 팬에 구울 때는 등쪽부터 굽는다.

• 양념비율
  우엉조림 : 다시물 4큰술, 간장 2큰술, 설탕 1큰술, 맛술(미림) 2작은술
  무 국화꽃 단촛물 : 물 2큰술, 식초 2큰술, 설탕 1큰술, 소금 1/2작은술

 ME MO -

소고기 간장구이 (牛肉のでりやき | 규니쿠노 데리야키)

요구사항

※ 주어진 재료를 사용하여 다음과 같이 소고기 간장구이를 만드시오.

㉮ 양념간장(다레)과 생강채(하리쇼가)를 준비하시오.

㉯ 소고기를 두께 1.5cm, 길이 3cm로 자르시오.

㉰ 프라이팬에 구이를 한 다음 양념간장(다레)을 발라 완성하시오.

 지급재료 •••

- 소고기(등심, 덩어리) 160g
- 건다시마(5cm×10cm) 1장
- 통생강 30g
- 검은 후춧가루 5g
- 진간장 50㎖
- 산초가루 3g
- 청주 50㎖
- 소금(정제염) 20g
- 식용유 100㎖
- 백설탕 30g
- 맛술(미림) 50㎖
- 깻잎 1장

❶ 다시마는 젖은 면포로 닦아서 냄비에 찬물 1컵을 넣고 끓으면 체에 밭쳐 다
  시물을 준비한다.

❷ 소고기는 힘줄과 핏물을 제거하고 1.5cm 두께로 썰어 소금, 후추로 밑간 한다.

❸ 양념간장(다레) 만들기 : 냄비에 청주 1/4컵을 붓고 알코올을 제거한 후 간장
  1/4컵, 설탕 3큰술, 맛술(미림) 1/4컵, 다시물 1/2컵을 넣고 센 불에서 약불로
  1/3 정도 되게 은근히 졸여 만든다.

❹ 생강은 껍질을 벗겨 얇게 저민 후 실처럼 곱게 채 썰어(하리쇼가) 찬물에 담
  가 매운맛을 제거한다.

❺ 밑간한 소고기를 식용유 두른 팬에 센 불에서 고기를 앞뒤로 반쯤 익혀 타지
  않게 구워서, 약한 불에서 붓으로 양념간장(다레)을 앞뒤로 바르면서 굽는다.

❻ 완성된 소고기는 도마에 올려 두께 1.5cm, 길이 3cm로 잘라 접시에 담고 양
  념간장(다레)을 덧바른 후 산초가루를 뿌리고 앞쪽 하단에 생강채(하리쇼가)
  를 올려 완성한다.

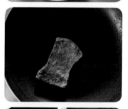

 핵심
요약

- 양념간장(다레)을 끓일 때 냄비에서 걸쭉하면 그릇에 옮겨두는데 여열에
  의해 되직해지므로 약간 묽다 싶을 때 그릇에 옮겨 담아둔다.
- 소고기는 초벌구이 할 때 색을 내는데, 색이 나지 않으면 양념간장(다레)
  을 넣으면 안 된다.
- 채 썬 생강(하리쇼가)은 최대한 얇게 썰고 찬물에 3~4번 씻고 찬물에
  담근다.
- 양념비율
  양념간장(다레) 만들기 : 청주 1/4컵, 간장 1/4컵, 설탕 3큰술, 맛술(미
  림) 1/4컵, 다시물 1/2컵 – 졸여서 1/3

 ME
MO

전복 버터구이 (アワビバタ_焼き | 아와비바타야키)

요구사항

※ 주어진 재료를 사용하여 다음과 같이 전복 버터 구이를 만드시오.

㉮ 전복은 껍질과 내장을 분리하고 칼집을 넣어 한 입 크기로 어슷하게 써시오.

㉯ 내장은 모래주머니를 제거하고 데쳐 사용하시오.

㉰ 채소는 전복의 크기로 써시오.

㉱ 은행은 속껍질을 벗겨 사용하시오.

 지급재료 ● ● ●

- 전복(2마리, 껍데기 포함) 150g
- 청차조기잎(시소, 깻잎으로 대체 가능) 1장
- 양파(중, 150g) 1/2개
- 청피망(중, 75g) 1/2개
- 청주 20㎖
- 은행(중간 크기) 5개
- 버터 20g
- 검은 후춧가루 2g
- 소금(정제염) 40g
- 식용유 30㎖

 **만드는 법** ●●●

❶ 청차조기 잎은 씻어 찬물에 담근다.

❷ 피망은 씨를 제거하고 2.5cm×3cm 정도로 썰고 양파도 같은 크기로 썬다.

❸ 은행은 팬에 기름을 두르고 투명하고 파랗게 볶아 껍질을 제거한다.

❹ 전복은 소금으로 깨끗이 씻어 표면의 이물질을 제거한 뒤 숟가락으로 껍질을 분리한 후 몸통살과 내장을 따로 분리한다.

❺ 몸통살에 칼집을 넣고 한입 크기로 어슷하게 저며 썰고 내장은 모래주머니를 제거하고 소금물에 데쳐 놓는다.

❻ 팬에 기름 두르고 양파, 전복, 전복 내장, 은행, 청피망 순으로 볶다가 버터를 넣고 볶으면서 청주, 소금, 후추를 넣고 살짝 볶아 맛을 낸다.

❼ 완성 접시에 청차조기 잎을 깔고 전복과 채소를 보기 좋게 담아낸다.

 핵심 요약 -

• 전복 내장, 몸통과 이물질을 깨끗하게 손질(이빨)한다.

• 전복은 볶으면 수축하기 때문에 채소보다 크게 자른다.

• 버터는 발연점이 낮으므로 타지 않게 불조절을 잘해서 넣고, 마지막에 청 피망을 넣고 윤기나게 볶는다.

• 양념비율
버터 20g, 청주 1큰술, 소금 1.5작은술, 후춧가루 약간

ME MO -

달걀말이(だしまきたまご | 다시마키 다마고)

시험시간 25분

요구사항

※ 주어진 재료를 사용하여 다음과 같이 달걀말이를 만드시오.

㉮ 달걀과 가다랑어 국물(가쓰오다시), 소금, 설탕, 맛술(미림)을 섞은 후 체에 걸러 사용하시오.

㉯ 젓가락을 사용하여 달걀말이를 한 후 김발을 이용하여 사각 모양을 만드시오.(단, 달걀을 말 때 주걱이나 손을 사용할 경우 감점 처리)

㉰ 길이 8cm, 높이 2.5cm, 두께 1cm로 썰어 8개를 만들고, 완성되었을 때 틈새가 없도록 하시오.

㉱ 달걀말이(다시마키)와 간장무즙을 접시에 보기 좋게 담아내시오.

지급재료

- 달걀 6개
- 백설탕 20g
- 건다시마(5cm×10cm) 1장
- 소금(정제염) 10g
- 식용유 50㎖
- 가다랑어포(가쓰오부시) 10g
- 맛술(미림) 20㎖
- 무 100g
- 청차조기잎(시소, 깻잎으로 대체 가능) 2장
- 진간장 30㎖

 만드는 법 •••

❶ 다시마는 젖은 면포로 닦아서 냄비에 찬물 1컵을 넣고 물이 끓으면 다시마를 건져내고 가다랑어포(가쓰오부시)를 넣고 불을 끈 뒤 5분 정도 후 면포에 걸러 가쓰오다시를 준비한다.

❷ 달걀을 충분히 풀어 가쓰오다시 4큰술, 설탕 1큰술, 소금 1작은술, 맛술(미림) 1큰술 넣고 섞어 준 뒤 체에 걸러 놓는다.

❸ 무는 강판에 갈아 찬물에 살짝 씻어 물기를 제거하고 진간장으로 색과 간을 해서 간장 무즙을 만든다.

❹ 사각팬에 식용유를 두르고 달군 후 달걀물을 번갈아 가며 1국자씩 부어주면서 기포가 생기면 젓가락을 이용해 기포를 없애고, 틈새가 생기지 않게 처음에 4~5cm 넓이로 말기 시작하여, 두께 2.5cm 넓이 8cm 되게 달걀말이를 한다.

❺ 달걀말이를 한 후 김발을 이용해서 네모로 각을 잡아 모양있게 싸놓았다가 길이 8cm, 높이 2.5cm, 두께 1cm로 잘라 8개 완성한다.

❻ 완성 접시에 청차조기잎(깻잎)을 깔고 달걀말이와 간장무즙을 담아낸다.

핵심요약 --

• 달걀을 충분히 풀어 체에 잘 내려지도록 한다.
• 달걀말이 할 때는 손목스냅을 이용하여 반드시 젓가락으로 뒤집는다.
• 처음 말 때 폭을 너무 짧게 시작하면 완성 시 8cm가 나오지 않으니 5cm 정도부터 시작한다.
• 양념비율
 달걀물 : 달걀 6개, 가쓰오다시 4큰술, 설탕 1큰술, 소금 1작은술, 맛술 (미림) 1큰술

MEMO --

NCS 복어 조리 학습모듈

제4부

복어 **부위감별**
복어 **회 국화모양** 조리
복어 **껍질초회** 조리
복어 **죽** 조리

① 복어 회 국화모양 조리

학습내용	평가항목	성취수준		
		상	중	하
복어 살 전처리	복어 살이 뼈에 붙어있지 않게 분리할 수 있다.			
복어 살 처리	복어 살에 붙은 엷은 막을 전부 제거할 수 있다.			
	복어 살을 회 장식에 사용할 수 있다.			
	복어 살의 어취와 수분을 제거할 수 있다.			
복어 회뜨기	복어 살을 일정한 폭과 길이로 자를 수 있다.			
복어 회 모양 내기	복어 회의 끝부분을 삼각 접기 할 수 있다.			
	복어 회를 국화모양으로 만들 수 있다.			
복어 회 국화모양으로 담기	복어 회를 완성접시에 국화모양으로 담을 수 있다.			
	복어 지느러미를 완성접시에 국화모양으로 만들어 담을 수 있다.			
곁들임 재료 담기	실파, 미나리, 겉껍질, 속껍질 등 곁들임 재료들을 완성접시에 제시된 모양으로 담을 수 있다.			

 학습자 결과물

❷ 복어 껍질초회 조리

학습내용	평가항목	성취수준		
		상	중	하
재료 · 부재료 준비 및 전처리	부재료를 용도에 맞게 손질할 수 있다.			
	생강을 가늘게 채 썰 수 있다.			
	실파를 용도에 맞게 썰 수 있다.			
복어 껍질 준비	복어 껍질의 가시를 완전히 제거할 수 있다.			
	손질된 복어 껍질을 데치고 건조시킬 수 있다.			
	건조된 복어 껍질을 초회용으로 채 썰 수 있다.			
복어 초회 양념 조리	재료의 비율에 맞게 초간장을 만들 수 있다.			
	양념 재료를 이용하여 양념을 만들 수 있다.			
	초간장과 양념으로 초회 양념을 만들 수 있다.			
복어 껍질 무침	재료의 배합 비율을 용도에 맞게 조절할 수 있다.			
	채 썬 복어 껍질을 초회 양념으로 무칠 수 있다.			
	복어 껍질 초회를 제시된 모양으로 담아낼 수 있다.			

 학습자 결과물

❸ 복어 죽 조리

학습내용	평가항목	성취수준		
		상	중	하
맛국물 만들기	밥을 물에 씻어 복어죽 용도로 준비할 수 있다.			
	다시마로 맛국물을 내기 위해 준비할 수 있다.			
	복어 뼈로 맛국물을 내기 위해 준비할 수 있다.			
재료 · 부재료 준비 및 전처리	밥을 물에 씻어 복어죽 용도로 준비할 수 있다.			
	쌀을 씻어 불려서 복어죽 용도로 준비할 수 있다.			
	부재료를 복어죽 용도로 준비할 수 있다.			
조리 방법 · 제품 완성	불린 쌀과 복어살 등으로 복어죽을 만들 수 있다.			
	씻은 밥과 복어살 등으로 복어죽을 만들 수 있다.			
	복어죽의 종류별 차이점을 설명할 수 있다.			

 학습자 결과물

복어부위감별, 복어회, 복어껍질초회, 복어죽

시험시간 **56분**(1과제 : 복어부위감별 1분, 2과제 : 조리작업 55분)

요구사항

※ **위생과 안전에 유의하고, 지급된 재료 및 시설을 이용하여 아래 작업을 완성하시오.**

㉮ **[1과제]** 제시된 복어 부위별 사진을 보고 1분 이내에 부위별 명칭을 답안지의 네모 칸 안에 작성하여 제출하시오.

㉯ **[2과제]** 소제와 제독작업을 철저히 하여 복어회, 복어껍질초회, 복어죽을 만드시오.

1) 복어의 겉껍질과 속껍질을 분리하여 손질하고 가시는 제거하시오.

2) 회는 얇게 포를 떠 국화꽃 모양으로 돌려 담고, 지느러미, 껍질, 미나리를 곁들이고, 초간장(폰즈)과 양념(야쿠미)을 따로 담아내시오.

3) 복어껍질초회는 껍질과 미나리를 4cm 길이로 썰어 폰즈, 실파, 빨간 무즙(모미지오로시)을 사용하여 무쳐내시오.

4) 죽은 밥을 씻어 사용하고, 살은 가늘게 채 썰거나 뼈에 붙은 살을 발라내어 사용하고, 당근·표고버섯은 다지고, 뼈와 다시마로 다시를 만들고, 달걀은 완성 전에 넣어 섞어주고 실파와 채 썬 김을 얹어 완성하시오.

지급재료

- 복어(700g) 1마리
- 무 100g
- 생표고버섯(중) 1개
- 당근(곧은 것) 50g
- 미나리(줄기 부분) 30g
- 실파(쪽파 대체 가능, 2줄기) 30g
- 레몬 1/6쪽
- 진간장 30ml
- 건다시매(5cm×10cm) 2장
- 소금(정제염) 10g
- 고춧가루(고운 것) 5g
- 식초 30ml
- 밥(햇반 또는 찬밥) 100g
- 김 1/4장
- 달걀 1개

자격종목 (1과제)	복어조리기능사 (복어부위감별)	비번호		감독위원 서　　명	(인)

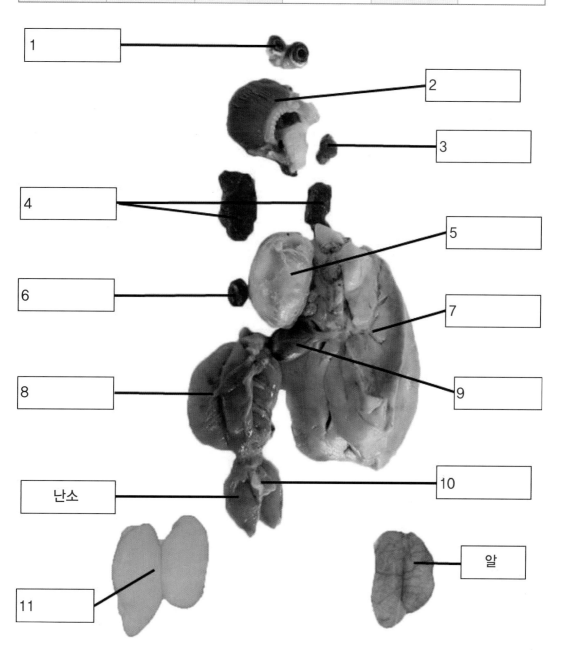

1

2

3

4

5

6

7

8

9

10

난소

알

11

1. 안구(눈)　2. 아가미　3. 심장　4. 신장　5. 부레　6. 비장　7. 간　8. 위장　9. 담낭
10. 방광　11. 정소

복어회

요구사항

※ 회는 얇게 포를 떠 국화꽃 모양으로 돌려 담고, 지느러미, 껍질, 미나리를 곁들이고, 초간장(폰즈)과 양념(야쿠미)을 따로 담아내시오.

 지급재료 •••

- 복어 1마리
- 미나리(줄기 부분)
- 무
- 고춧가루(고운 것)
- 실파(쪽파 대체 가능)
- 레몬
- 건다시마(5cm×10cm)
- 식초
- 진간장

 **만드는 법** ●●●

❶ 냄비에 찬물 1/2컵을 붓고 젖은 면포로 닦은 다시마를 넣고 물이 끓으면 다시마를 건져낸다.

❷ 3장뜨기한 복어는 겉 부분의 막을 도려 내고 소금물에 씻어 물기를 닦아 마른행주를 싸 놓는다.

❸ 도려낸 막은 살짝 데쳐 복어회의 나비 장식에 몸통으로 사용한다.

❹ 가시를 제거한 껍질도 데쳐서 찬물에 담가 식힌 후 물기를 제거하고 4cm×0.3cm 정도로 데바칼로 채를 썬다.

❺ 미나리는 잎을 제거하고 길이 4cm로 썬다.

❻ 복어 양옆 지느러미는 깨끗이 씻어 접시에 펼쳐 말려 놓는다.

❼ 야쿠미 만들기

　1) 무는 강판에 갈아 찬물에 씻어 매운맛을 제거하고 물기를 제거한 후 고운 고춧가루를 묻혀 빨간 무즙을 만든다.

　2) 실파는 0.5cm로 송송 썰어 찬물에 헹궈 물기를 제거한다.

　3) 레몬은 반달 모양으로 썰어놓는다.

❽ 초간장(폰즈) : 다시물 1큰술, 간장 1큰술, 식초 1큰술

❾ 복어 회뜨기

　1) 도마를 깨끗이 하고 우측에는 사시미칼 닦을 젖은 행주를 놓고, 좌측에는 손 닦을 젖은 면포를 준비해 둔다.

　2) 복어살의 높이가 3cm 이상 되면 횡단면을 위쪽이 약간 높게 2등분하고 꼬리에서 머리쪽으로 포를 뜬다.

　3) 몸을 우측으로 45도 정도 비스듬히 서서, 사시미칼을 최대한 눕혀 회를 얇게 떠서 위 끝부분을 접고, 접시 끝선을 맞추어 시계 12시 방향에 담아놓고, 접시를 반시계방향으로 돌려가면서 동작을 반복해서 국화꽃 모양으로 회를 돌려 담는다.

　4) 지느러미를 이용하여 중앙에 나비 날개를 만들고, 데친 살은 나비 몸통으로 사용하고, 채 썬 껍질과 미나리를 담아 완성한다.

　5) 초간장(폰즈)과 양념(야쿠미)을 따로 담아낸다.

 ME MO -

복어껍질초회

요구사항

※ 복어껍질초회는 껍질과 미나리를 4cm 길이로 썰어 폰즈, 실파, 빨간 무즙(모미지오로시)을 사용하여 무쳐내시오.

 **지급재료** ●●●

- 복어(껍질)
- 무
- 미나리(줄기 부분)
- 실파(쪽파 대체 가능)
- 레몬
- 진간장
- 건다시마(5cm×10cm)
- 소금(정제염)
- 고춧가루(고운 것)
- 식초

 **만드는 법** •••

❶ 미나리 잎은 제거하고, 줄기 부분은 4cm로 자른다.

❷ 실파는 송송 썰어 찬물에 헹궈 물기를 제거한다.

❸ 가시를 제거한 껍질을 끓는 물에 데쳐, 찬물에 담은 후 충분히 식으면 물기를 제거하고 0.3cm×4cm로 채 썬다.

❹ 복어껍질, 빨간 무즙, 미나리 실파를 넣고 폰즈로 간을 하여 골고루 섞어 복어껍질초회를 만든다.

❺ 완성 접시에 초회를 소복하게 담고, 실파와 빨간 무즙을 올려 담아낸다.

 핵심요약 ---

- 미나리, 복어껍질, 폰즈, 실파, 빨간 무즙(모미지오로시)은 한꺼번에 준비해서 나누어 쓰면 시간이 절약된다.
- 복어껍질은 살짝 데쳐서 찬물에 담가 씻은 후 식혀서 사용해야 끈적거리지 않는다.
- 복어 껍질채와 미나리의 비율은 2 : 1 정도가 좋다.

 MEMO ---

복어죽

요구사항

※ 죽은 밥을 씻어 사용하고, 살은 가늘게 채 썰거나 뼈에 붙은 살을 발라내어 사용하고, 당근·표고버섯은 다지고, 뼈와 다시마로 다시를 만들고, 달걀은 완성 전에 넣어 섞어주고 실파와 채 썬 김을 얹어 완성하시오.

 지급재료 ●●●

- 복어(복어뼈와 복어살)
- 생표고버섯(중)
- 당근(곧은 것)
- 실파(쪽파 대체 가능)
- 건다시마(5cm×10cm)
- 소금(정제염)
- 밥(햇반 또는 찬밥)
- 김
- 달걀

 **만드는 법** ●●●

❶ 복어뼈는 끓는 물에 데쳐 깨끗이 씻는다.

❷ 다시마와 데친 복어뼈를 넣고 다시물을 만든다.

❸ 끓으면 다시마를 건져내고 복어뼈 국물을 은근하게 우려내어 면포에 걸러 복어죽 다시물을 완성한다.

❹ 복어뼈에 붙어 있는 살을 젓가락으로 긁어내고 회 뜨고 남은 살은 채 썰어 놓고, 당근과 표고는 거칠게 다져 놓는다.

❺ 실파는 송송 썰어 찬물에 씻어 물기를 제거한다.

❻ 밥은 찰기를 제거하기 위하여 흐르는 물에 2번 정도 씻어 체에 밭쳐 물기를 뺀다.

❼ 달걀은 풀어 놓고 김은 살짝 구워 채를 썬다.

❽ 복어 다시물이 끓으면 씻은 밥을 넣고 끓이다가 뼈에서 발라낸 살과 채 썬 복살, 당근, 표고를 복죽에 넣어 끓인다.

❾ 죽이 끓어 오르면 달걀을 고르게 펼쳐 부어 익힌 후 소금을 넣어 간을 하고, 거품이 나면 거품을 걷어낸다.

❿ 완성 그릇에 8부 정도 담고 채 썬 김과 실파를 올린다.

 MEMO --

(사)한국식음료외식조리교육협회 교재 편집위원 명단

지역	훈련기관명	기관장	전화번호	홈페이지
서울	동아요리기술학원	김희순	02-2678-5547	http://dongacook.kr
인천	국제요리학원	양명순	032-428-8447	http://www.kukjecook.co.kr
인천	상록호텔조리전문학교	윤금순	032-544-9600	www.sncook.or.kr
강원	김희진요리제과제빵커피전문학원	김희진	033-252-8607	http://www.김희진요리제과제빵커피전문학원.kr
강원	삼척요리제과제빵직업전문학교	조순옥	033-574-8864	
경기	경기외식직업전문학교	박은경	031-278-0146	http://www.gcb.or.kr
경기	김미연요리제과제빵학원	김미연	031-595-0560	http://www.kimcook.kr
경기	김포중앙요리제과학원	정연주	031-988-4752	http://gfbc.co.kr
경기	동두천요리학원	최숙자	031-861-2587	http://www.tdcook.com
경기	마음쿠킹클래스학원	김미혜	031-773-4979	https://ypcookingclass.modoo.at
경기	부천조리제과제빵직업전문학교	김명숙	032-611-1100	http://www.bucheoncook.com
경기	안산중앙요리제과제빵학원	육광심	031-410-0888	http://www.jacook.net
경기	용인요리제과제빵학원	김복순	031-338-5266	http://cafe.daum.net/cooking-academy
경기	월드호텔요리제과커피학원	이영호	031-216-7247	http://www.wocook.co.kr
경기	은진요리학원	이민진	031-292-9340	http://www.ejcook.co.kr
경기	이봉춘 셰프 실용전문학교	이봉춘	031-916-5665	http://www.leecook.co.kr
경기	이천직업전문학교	김미섭	031-635-7225	http://www.icheoncook.co.kr
경기	전통외식조리직업전문학교	홍명희	031-258-2141	http://jtcook.kr
경기	한선생직업전문학교	나순흠	031-255-8586	http://www.han5200.or.kr
경기	한양요리학원	박혜영	031-242-2550	http://blog.naver.com/hcook2002
경기	한주요리제과커피직업전문학교	정임	032-322-5250	http://hanjoocook.co.kr
경상	거창요리제과제빵학원	정현숙	055-945-2882	https://cafe.naver.com/gcyori
경상	경주중앙직업전문학교	전경애	054-772-6605	https://njobschool.co.kr
경상	김천요리제과직업전문학교	이희해	054-432-5294	http://www.kimchencook.co.kr
경상	김해영지요리직업전문학교	김경린	055-321-0447	http://www.ygcook.com
경상	김해요리제빵학원	이정옥	055-331-7770	http://www.khcook.co.kr
경상	뉴영남요리제과제빵아카데미	박경숙	055-747-5000	https://blog.naver.com/newyncooki
경상	상주요리제과제빵학원	안선희	054-536-1142	http://blog.naver.com/ashk0430
경상	울산요리학원	박성남	052-261-6007	http://ulsanyori.kr
경상	으뜸요리전문학원	김민주	055-248-4838	http://www.cookery21.co.kr
경상	일신요리전문학원	이윤주	055-745-1085	http://www.il-sin.co.kr
경상	진주스페셜티커피학원	한선중	055-745-0880	http://cafe.naver.com/jsca
경상	춘경요리커피직업전문학교	이선임	051-207-5513	http://www.5252000.co.kr
경상	통영조리직업전문학교	황영숙	055-646-4379	

지역	훈련기관명	기관장	전화번호	홈페이지
충청	박문수천안요리직업기술전문학원	박문수	041-522-5279	http://www.yoriacademy.com
	서산요리학원	홍윤경	041-665-3631	
	서천요리아카데미학원	이영주	041-952-4880	
	세계쿠킹베이커리	임상희	043-223-2230	http://www.sgcookingschool.com
	아산요리전문학원	조진선	041-545-3552	
	엔쿡당진요리학원	진민경	041-355-3696	https://cafe.naver.com/dangjin3696
	천안요리학원	김선희	041-555-0308	http://www.cookschool.co.kr
	충남제과제빵커피직업전문학교	김영희	041-575-7760	http://www.somacademy.co.kr
	충북요리제과제빵전문학원	윤미자	043-273-6500	http://cafe.daum.net/chungbukcooking
	한정은요리학원	한귀례	041-673-3232	
	홍명요리학원	강병호	042-226-5252	http://www.cooku.com
	홍성요리학원	조병숙	041-634-5546	http://www.hongseongyori.com
전라	궁전요리제빵미용직업전문학교	김정여	063-232-0098	http://www.gj-school.co.kr
	세종요리전문학원	조영숙	063-272-6785	http://www.sejongcooking.com
	예미요리직업전문학교	허이재	062-529-5253	http://www.yemiyori.co.kr
	이영자요리제과제빵학원	배순오	063-851-9200	http://www.leecooking.co.kr
	전주요리제과제빵학원	김은주	063-284-6262	http://www.jcook.or.kr

사진촬영에 도움을 주신 분

정희원 사진작가 : 010-5313-3063

저자와의
합의하에
인지첩부
생략

일식·복어조리기능사 실기

2019년 10월 31일 초 판 1쇄 발행
2022년　4월 20일 제2판 1쇄 발행
2024년　7월 31일 제3판 1쇄 발행

지은이 (사)한국식음료외식조리교육협회
펴낸이 진욱상
펴낸곳 (주)백산출판사
교　정 박시내
본문디자인 신화정
표지디자인 오정은

등　록 2017년 5월 29일 제406-2017-000058호
주　소 경기도 파주시 회동길 370(백산빌딩 3층)
전　화 02-914-1621(代)
팩　스 031-955-9911
이메일 edit@ibaeksan.kr
홈페이지 www.ibaeksan.kr

ISBN 979-11-6567-902-6　93590
값 16,000원